SICHUANSHENG GONGCHENG JIANSHE BIAOZHUN SHEJI

四川省工程建设标准设计

桁架钢筋混凝土叠合板

四川省建筑标准设计办公室

图集号 川16G118-TY

底板参数计算用的excel表格，
请扫描上方二维码下载

西南交通大学出版社
·成 都·

图书在版编目（CIP）数据

桁架钢筋混凝土叠合板／中国建筑西南设计研究院有限公司主编. —成都：西南交通大学出版社，2016.11
ISBN 978-7-5643-5158-8

Ⅰ. ①桁… Ⅱ. ①中… Ⅲ. ①桁架–钢筋混凝土结构–叠合板–建筑设计–四川–图集 Ⅳ. ①TU375.2-64

中国版本图书馆 CIP 数据核字（2016）第 288280 号

责任编辑　李芳芳
封面设计　何东琳设计工作室

桁架钢筋混凝土叠合板

主编　中国建筑西南设计研究院有限公司

出版发行	西南交通大学出版社 （四川省成都市二环路北一段 111 号 西南交通大学创新大厦 21 楼）
发行部电话	028-87600564　028-87600533
邮政编码	610031
网　　址	http://www.xnjdcbs.com
印　　刷	四川森林印务有限责任公司
成品尺寸	370 mm × 260 mm
印　　张	13
字　　数	315 千
版　　次	2016 年 11 月第 1 版
印　　次	2016 年 11 月第 1 次
书　　号	ISBN 978-7-5643-5158-8
定　　价	80.00 元

图书如有印装质量问题　本社负责退换
版权所有　盗版必究　举报电话：028-87600562

四川省住房和城乡建设厅

川建勘设科发〔2016〕686号

四川省住房和城乡建设厅关于发布《桁架钢筋混凝土叠合板》为省建筑标准设计通用图集的通知

各市（州）及扩权试点县（市）住房城乡建设行政主管部门：

由四川省建筑标准设计办公室组织、中国建筑西南设计研究院有限公司主编的《桁架钢筋混凝土叠合板》图集，经审查通过，现批准为四川省建筑标准设计通用图集，图集编号为川16G118-TY，自2016年10月1日起施行。

四川省住房和城乡建设厅负责管理，中国建筑西南设计研究院有限公司负责具体解释工作，四川省建筑标准设计办公室负责出版、发行工作。

特此通知。

四川省住房和城乡建设厅

2016年8月29日

《桁架钢筋混凝土叠合板》
编审名单

主 编 单 位：中国建筑西南设计研究院有限公司

编制组负责人：毕　琼

编制组成员：方长建　邓世斌　申金昌　谢　恩　章　阳

审 查 组 长：张　瀑

审查组成员：张　静　李晓岑　车大桥　陈正刚

桁架钢筋混凝土叠合板

批准部门：四川省住房和城乡建设厅　　　　**批准文号**：川建勘设科发〔2016〕686号

主编单位：中国建筑西南设计研究院有限公司　　**图　集　号**：川16G118-TY

实施日期：2016年10月1日

主编单位负责人：

主编单位技术负责人：

技术审定人：

设计负责人：

目　录

总说明	3
双向整板模板及配筋图 (YBS0(-)-1215-XX-X1/YBS0(-)-1215-XX-X3)	10
双向整板模板及配筋图 (YBS0(-)-1518-XX-X1/YBS0(-)-1518-XX-X3)	11
双向整板模板及配筋图 (YBS0(-)-1821-XX-X1/YBS0(-)-1821-XX-X3)	12
双向整板模板及配筋图 (YBS0(-)-2124-XX-X1/YBS0(-)-2124-XX-X3)	13
双向整板模板及配筋图 (YBS0(-)-2427-XX-X1/YBS0(-)-2427-XX-X3)	14
双向整板模板及配筋图 (YBS0(-)-2730-XX-X1/YBS0(-)-2730-XX-X3)	15
双向整板模板及配筋图 (YBS0(-)-3033-XX-X1/YBS0(-)-3033-XX-X3)	16
双向整板模板及配筋图 (YBS0(-)-3336-XX-X1/YBS0(-)-3336-XX-X3)	17
双向整板模板及配筋图 (YBS0(-)-1215-XX-X2/YBS0(-)-1215-XX-X4)	18
双向整板模板及配筋图 (YBS0(-)-1518-XX-X2/YBS0(-)-1518-XX-X4)	19
双向整板模板及配筋图 (YBS0(-)-1821-XX-X2/YBS0(-)-1821-XX-X4)	20
双向整板模板及配筋图 (YBS0(-)-2124-XX-X2/YBS0(-)-2124-XX-X4)	21
双向整板模板及配筋图 (YBS0(-)-2427-XX-X2/YBS0(-)-2427-XX-X4)	22
双向整板模板及配筋图 (YBS0(-)-2730-XX-X2/YBS0(-)-2730-XX-X4)	23
双向整板模板及配筋图 (YBS0(-)-3033-XX-X2/YBS0(-)-3033-XX-X4)	24
双向整板模板及配筋图 (YBS0(-)-3336-XX-X2/YBS0(-)-3336-XX-X4)	25
I类双向边板模板及配筋图 (YBS1(I)-1215-XX-XX)	26
I类双向边板模板及配筋图 (YBS1(I)-1518-XX-XX)	27
I类双向边板模板及配筋图 (YBS1(I)-1821-XX-XX)	28
I类双向边板模板及配筋图 (YBS1(I)-2124-XX-XX)	29
I类双向边板模板及配筋图 (YBS1(I)-2427-XX-XX)	30
I类双向边板模板及配筋图 (YBS1(I)-2730-XX-XX)	31
I类双向边板模板及配筋图 (YBS1(I)-3033-XX-XX)	32
I类双向边板模板及配筋图 (YBS1(I)-3336-XX-XX)	33
I类双向中板模板及配筋图 (YBS2(I)-1215-XX-XX)	34
I类双向中板模板及配筋图 (YBS2(I)-1518-XX-XX)	35
I类双向中板模板及配筋图 (YBS2(I)-1821-XX-XX)	36
I类双向中板模板及配筋图 (YBS2(I)-2124-XX-XX)	37
I类双向中板模板及配筋图 (YBS2(I)-2427-XX-XX)	38
I类双向中板模板及配筋图 (YBS2(I)-2730-XX-XX)	39
I类双向中板模板及配筋图 (YBS2(I)-3033-XX-XX)	40
I类双向中板模板及配筋图 (YBS2(I)-3336-XX-XX)	41
II类双向边板模板及配筋图 (YBS1(II)-1215-XX-XX)	42

II类双向边板模板及配筋图(YBS1(II)-1518-XX-XX)	43
II类双向边板模板及配筋图(YBS1(II)-1821-XX-XX)	44
II类双向边板模板及配筋图(YBS1(II)-2124-XX-XX)	45
II类双向边板模板及配筋图(YBS1(II)-2427-XX-XX)	46
II类双向边板模板及配筋图(YBS1(II)-2730-XX-XX)	47
II类双向边板模板及配筋图(YBS1(II)-3033-XX-XX)	48
II类双向边板模板及配筋图(YBS1(II)-3336-XX-XX)	49
单向整板模板及配筋图(YBD0(-)-1215-XX-XX)	50
单向整板模板及配筋图(YBD0(-)-1518-XX-XX)	51
单向整板模板及配筋图(YBD0(-)-1821-XX-XX)	52
单向整板模板及配筋图(YBD0(-)-2124-XX-XX)	53
单向整板模板及配筋图(YBD0(-)-2427-XX-XX)	54
单向整板模板及配筋图(YBD0(-)-2730-XX-XX)	55
单向整板模板及配筋图(YBD0(-)-3033-XX-XX)	56
单向整板模板及配筋图(YBD0(-)-3336-XX-XX)	57
I类单向拼板模板及配筋图(YBD1(I)-1215-XX-XX)	58
I类单向拼板模板及配筋图(YBD1(I)-1518-XX-XX)	59
I类单向拼板模板及配筋图(YBD1(I)-1821-XX-XX)	60
I类单向拼板模板及配筋图(YBD1(I)-2124-XX-XX)	61
I类单向拼板模板及配筋图(YBD1(I)-2427-XX-XX)	62
I类单向拼板模板及配筋图(YBD1(I)-2730-XX-XX)	63
I类单向拼板模板及配筋图(YBD1(I)-3033-XX-XX)	64
I类单向拼板模板及配筋图(YBD1(I)-3336-XX-XX)	65
II类单向拼板模板及配筋图(YBD1(II)-1215-XX-XX)	66
II类单向拼板模板及配筋图(YBD1(II)-1518-XX-XX)	67
II类单向拼板模板及配筋图(YBD1(II)-1821-XX-XX)	68
II类单向拼板模板及配筋图(YBD1(II)-2124-XX-XX)	69
II类单向拼板模板及配筋图(YBD1(II)-2427-XX-XX)	70
II类单向拼板模板及配筋图(YBD1(II)-2730-XX-XX)	71
II类单向拼板模板及配筋图(YBD1(II)-3033-XX-XX)	72
II类单向拼板模板及配筋图(YBD1(II)-3336-XX-XX)	73
钢筋布置选用表汇总	74
吊点布置示意图	84
节点构造图	89
附录A 选用示例	90

总 说 明

1 编制依据

1.1 本图集根据四川省住房和城乡建设厅《关于同意编制<四川省农村居住建筑维修加固图集>等四部省标通用图集的批复》(川建勘设科发〔2016〕722号)进行编制。

1.2 设计依据

《混凝土结构设计规范》	GB 50010-2010
《建筑抗震设计规范》	GB 50011-2010
《高层建筑混凝土结构技术规程》	JGJ 3-2010
《装配式混凝土结构技术规程》	JGJ 1-2014
《装配整体式混凝土结构设计规程》	DBJ51/T 024-2014
《砌体结构设计规范》	GB50003-2011
《建筑设计防火规范》	GB 50016—2014
《建筑结构荷载规范》	GB 50009-2012
《混凝土结构工程施工规范》	GB 50666-2011
《混凝土结构工程施工质量验收规范》	GB 50204-2015
《建筑结构制图标准》	GB/T 50105-2010

当依据的标准规范进行修订或有新的标准规范实施时，工程人员应对本图集相关内容进行复核后方可选用。

2 适用范围

2.1 本图集适用于环境类别为一类的一般民用建筑楼面或屋面叠合板用的预制底板。

2.2 本图集适用于抗震设防烈度8度及以下地区的框架结构、剪力墙结构及框剪结构。

2.3 本图集适用于拆分后单个构件宽度在1200～3600 mm之间，长度不大于6600 mm的情况。

3 材料

3.1 混凝土强度等级为C30。

3.2 受力钢筋及钢筋桁架上弦筋、下弦筋采用HRB400钢筋，钢筋桁架腹杆筋采用HPB300钢筋。

4 编制原则

4.1 本图集底板按板端支座支承于相邻梁或墙上10 mm进行设计。

4.2 底板最外层钢筋混凝土保护层厚度为15 mm。

4.3 钢筋混凝土容重取25 kN/m³。

4.4 桁架钢筋沿单个预制底板长度方向布置。

4.5 叠合板的预制底板主受力钢筋均放置于次受力钢筋之下。

4.6 本图集叠合板为施工阶段有可靠支撑，不需考虑二阶段受力的叠合受弯构件。

4.7 叠合板的安全等级为二级，设计使用年限为50年，重要性系数 $\gamma_0 = 1.0$。

4.8 叠合板裂缝控制等级为三级，其最大裂缝宽度允许值取0.3 mm。

4.9 在正常使用极限状态下的挠度限值取 $l_0/200$ (l_0为计算跨度)，对挠度有较高要求时，应自行校核挠度。

4.10 底板施工阶段验算

4.10.1 脱模验算时等效静力荷载标准值取构件自重标准值的1.2倍与脱模吸附力之和，且不小于构件自重标准值的1.5倍。脱膜吸附力取1.5 kN/m²。

4.10.2 吊装验算时动力系数取1.5。

4.10.3 在脱模、堆放、运输及吊装各个阶段产生的构件正截面边缘混凝土法向拉应力应不大于与各施工环节的混凝土立方体抗压强度相应的抗拉强度标准值。

5 拆分原则

5.1 叠合板拆分方式包括双向整板、I类双向拼接板、II类双向拼接板、单向整板、I类单向拼接板、II类单向拼接板共六种，见图1～图9。

5.2 叠合板拆分时，宜保证各拼接板尺寸相同。双向板拼缝宜设置在次要受力方向上且拼缝宽度应满足钢筋搭接相关要求。

5.3 预制底板厚度不宜小于60 mm；对于I类拆分板，本图集底板钢筋考虑采用焊接钢筋网片，故桁架钢筋放置在底部双层以上，此时底板厚度宜适当加大，以保证桁架钢筋的锚固深度，确保吊装安全；若不采用焊接钢筋网片，可将桁架钢筋放置在底部第一层，此时底板厚度可不加大。

6 命名规则

6.1 双向叠合板编号

YBSX(X)-XXXX-XX-XX

- 桁架钢筋混凝土叠合板底板(双向板)
- 叠合板类别(0为整板，1为边板，2为中板)
- 拆分类别(-为整板，I为拆分类别I，II为拆分类别II)
- 样板标志宽度区段下限(单位dm)
- 样板标志宽度区段上限(单位dm)
- 预制底板厚度(单位cm)
- 后浇叠合层厚度(单位cm)
- 钢筋代号(见表1)

例：底板编号YBS0(-)-1518-66-11，表示双向整板(1500≤B<1800)，预制底板厚度60 mm，后浇叠合层厚度60 mm，主、次受力钢筋均为Φ8@200。

底板编号YBS1(I)-2124-67-21，表示I类双向边板(2100≤B<2400)，预制底板厚度60 mm，后浇叠合层厚度70 mm，主受力钢筋为⊈8@150，次受力钢筋为⊈8@200。

底板编号YBS2(II)-3033-67-32，表示II类双向中板(3000≤B<3300)，预制底板厚度60 mm，后浇叠合层厚度70 mm，主受力钢筋为⊈10@200，次受力钢筋为⊈8@150。

6.2 双向叠合板底板钢筋代号见表1。

表1 双向板钢筋代号表

次受力钢筋 \ 主受力钢筋	⊈8@200	⊈8@150	⊈10@200	⊈10@150	⊈12@200	⊈12@150
⊈8@200	11	21	31	41	51	61
⊈8@150	12	22	32	42	52	62
⊈10@200	13	23	33	43	53	63
⊈10@150	14	24	34	44	54	64

6.3 单向叠合板编号

```
                                    YBDX(X)-XXXX-XX-XX
桁架钢筋混凝土叠合板底板(单向板)                    钢筋代号(见表2)
叠合板类别(0为整板,1为拼板)                       后浇叠合层厚度(单位cm)
拆分类别(-为整板,I为拆分类别I,II为拆分类别II)      预制底板厚度(单位cm)
样板标志宽度区段下限(单位dm)
样板标志宽度区段上限(单位dm)
```

例：底板编号YBD0(-)-2124-66-21，表示单向整板(2100≤B<2400)，预制底板厚度60mm，后浇叠合层厚度60 mm，受力钢筋为⊈8@150，分布钢筋为⊈6@200。

底板编号YBD1(I)-2427-67-22，表示I类单向拼板(2400≤B<2700)，预制底板厚度60 mm，后浇叠合层厚度70 mm，受力钢筋为⊈8@150，分布钢筋为⊈8@200。

底板编号YBD1(II)-2730-67-42，表示II类单向拼板(2700≤B<3000)，预制底板厚度60 mm，后浇叠合层厚度70 mm，受力钢筋为⊈10@150，分布钢筋为⊈8@200。

6.4 单向叠合板底板钢筋代号见表2。

表2 单向板钢筋代号表

分布钢筋 \ 受力钢筋	⊈8@200	⊈8@150	⊈10@200	⊈10@150	⊈12@200	⊈12@150	⊈14@150
⊈6@200	11	21	31	41	51	61	71
⊈8@200	12	22	32	42	52	62	72

7 选用方法

7.1 双向叠合板

7.1.1 考虑承载能力极限状态、正常使用极限状态及耐久性要求，按《混凝土结构设计规范》(GB 50010-2010)计算确定板厚h及配筋。

7.1.2 根据楼板平面尺寸和构件制作、运输、安装条件对叠合板进行拆分，确定各预制构件平面尺寸。

7.1.3 根据拆分方式、拆分后单个预制构件平面尺寸及配筋进行底板选型，然后计算各参数值。

7.1.4 根据选定的样板图及参数计算值，绘制构件模板图及配筋图。

7.2 单向叠合板

7.2.1 由不同的活载标准值q_k等级，根据单向叠合板跨度、附加恒载标准值g_k，按以下要求：

$$g_k \leq [g_k]$$

查表8～表15确定叠合板板厚h和预制底板受力钢筋；或设计可自行计算确定单向叠合板板厚h和预制底板受力钢筋，并遵循表2的要求。

7.2.2 根据楼板平面尺寸和构件制作、运输、安装条件对叠合板进行拆分，确定各预制构件平面尺寸。

7.2.3 根据拆分方式和拆分后单个预制构件平面尺寸进行底板选型，然后计算各参数值。

7.2.4 根据选定的样板图及参数计算值，绘制构件模板图及配筋图。

8 制作及施工要求

8.1 底板的制作、堆放、运输、安装应符合《混凝土结构工程施工规范》(GB 50666-2011)及《装配式混凝土结构技术规程》(JGJ 1-2014)的规定。

8.2 底板开洞位置应在制作时预留，且应满足以下要求：

8.2.1 开洞位置应尽量避开桁架钢筋的位置，当无法避开时应另行设计。

8.2.2 当洞口直径(或边长)小于300 mm时，受力钢筋绕过洞口，不得切断；当洞口直径(或边长)大于等于300 mm时，由设计人员另行设计。

8.2.3 开洞底板在制作、堆放、运输、安装过程应进行专门的施工验算或采取可靠的技术措施。

8.3 钢筋桁架的制作应满足下列要求：

8.3.1 本图集钢筋桁架应由专门焊接机械制造，腹杆筋与上、下弦筋的焊接采用电阻点焊。

8.3.2 钢筋桁架焊点的抗剪应力值不应小于腹杆筋规定的屈服力值的0.6倍。

8.3.3 钢筋桁架的高度h_0应结合节点构造图中的叠合板剖面示意图确定，桁架腹杆筋节数k可直接查表7确定。

8.3.4 钢筋桁架下弦筋应与垂直桁架方向的底板钢筋进行绑扎。

8.4 底板与后浇混凝土叠合层之间的结合面应做成凹凸深度不小于4 mm的粗糙面，粗糙面的面积不小于结合面的80%。

8.5 对于相邻的双向拼接板，构件制作时应适当调整钢筋布置以保证接缝处钢筋相互错开。

8.6 单向拼接板宜在非受力板端下侧设置10 mm × 10 mm的倒角。

8.7 同条件养护的混凝土立方体抗压强度达到设计强度值的75%后，方可脱模、运输、吊装及堆放。

8.8 底板吊装时应慢起慢落，并避免与其他物体相撞。应保证起重设备的吊钩位置、吊具及构件重心在垂直方向上重合，吊索与构件水平夹角不宜小于60°，不应小于45°。吊装时，吊钩应根据设计要求的吊点同时勾住钢筋桁架的上弦筋和腹杆筋。

8.9 堆放场地应平整、坚实，并设有排水措施，堆放时底板与地面之间应有一定的空隙。垫木应贴紧桁架钢筋放置，并与起吊点保持一致，位置偏差不应超过±100 mm，如图10和图11所示，垫木的长、宽、高均不宜小于100 mm。不同板号应分别堆放，堆放层数不宜大于6层，垫木位置应上下对齐，且最上层板在温度超过30℃时需采取防晒保护措施。

8.10 运输时底板应绑扎牢固，防止构件移动或跳动。在底板的边部或与绳索接触处应采用衬垫加以保护。若板宽大于运输车辆宽度时，应采取措施保证超宽部分支承的可靠性。

8.11 底板混凝土强度达到设计强度等级的100%后，方可进行施工安装。底板安装前应设置临时支撑，支撑最大间距不应大于1.8 m。

8.12 施工均布荷载不应大于1.5 kN/m²，荷载不均匀时单板范围内折算均布荷载不宜大于1.0 kN/m²，否则应采取加强措施。施工中应防止底板受到冲击作用。施工均布荷载不包括叠合层混凝土自重。

8.13 装配结构施工前应制定专项施工方案。施工方案应结合构件深化设计，构件制作、运输和安装全过程的验算，以及施工吊装与支撑体系的验算进行制定，应包括构件安装、节点处理施工工艺、质量管理及安全措施等内容。

8.14 装配结构施工过程中应采取安全措施，并应符合现行行业标准《建筑施工高处作业安全技术规范》（JGJ 80）、《建筑机械使用安全技术规程》（JGJ 33）和《施工现场临时用电安全技术规范》（JGJ 46）等有关规定。

9 质量验收

9.1 底板的生产及验收应符合国家标准《装配式混凝土结构技术规程》（JGJ 1-2014）和《混凝土结构工程施工规范》（GB 50666-2011）。若设计文件有要求时，应按照设计要求及《混凝土结构工程施工质量验收规范》（GB 50204-2015）的有关规定进行结构性能检验。

9.2 预制底板构件尺寸允许偏差应满足《混凝土结构工程施工质量验收规范》（GB 50204-2015）的相关要求。

9.3 桁架钢筋电阻点焊力学性能检验应满足JGJ/T 27和GB/T 15111的相关要求。

10 图例及符号

10.1 本图集未注明单位的尺寸均以毫米（mm）为单位。

10.2 "◇" 表示粗糙面，"◇" 表示模板面，"◀" 表示装配方向。

11 其他

11.1 本图集底板按端部出筋设计，若有充分的理论依据，可采用不出筋的方式。

11.2 本图集未尽事宜，应按国家现行有关标准和技术法规文件执行。

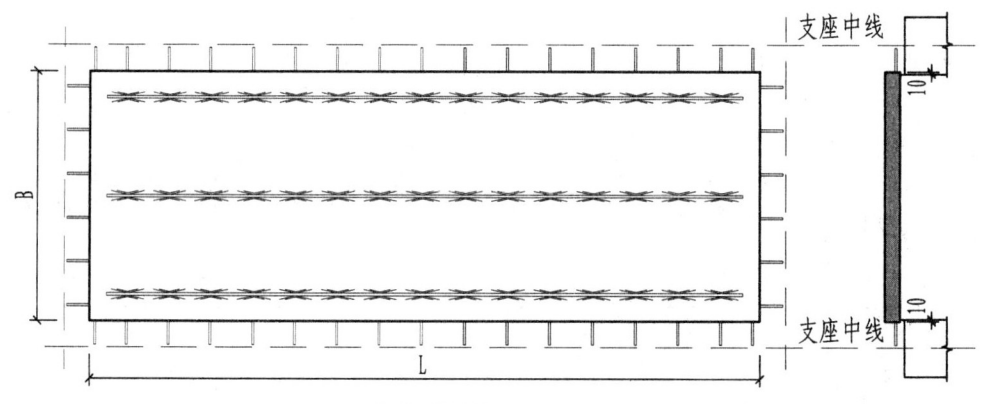

图1 双向整板
(B≤L<3B)

注：1. L为预制整板长度，B为预制整板宽度；
2. 图中桁架钢筋仅为示意。

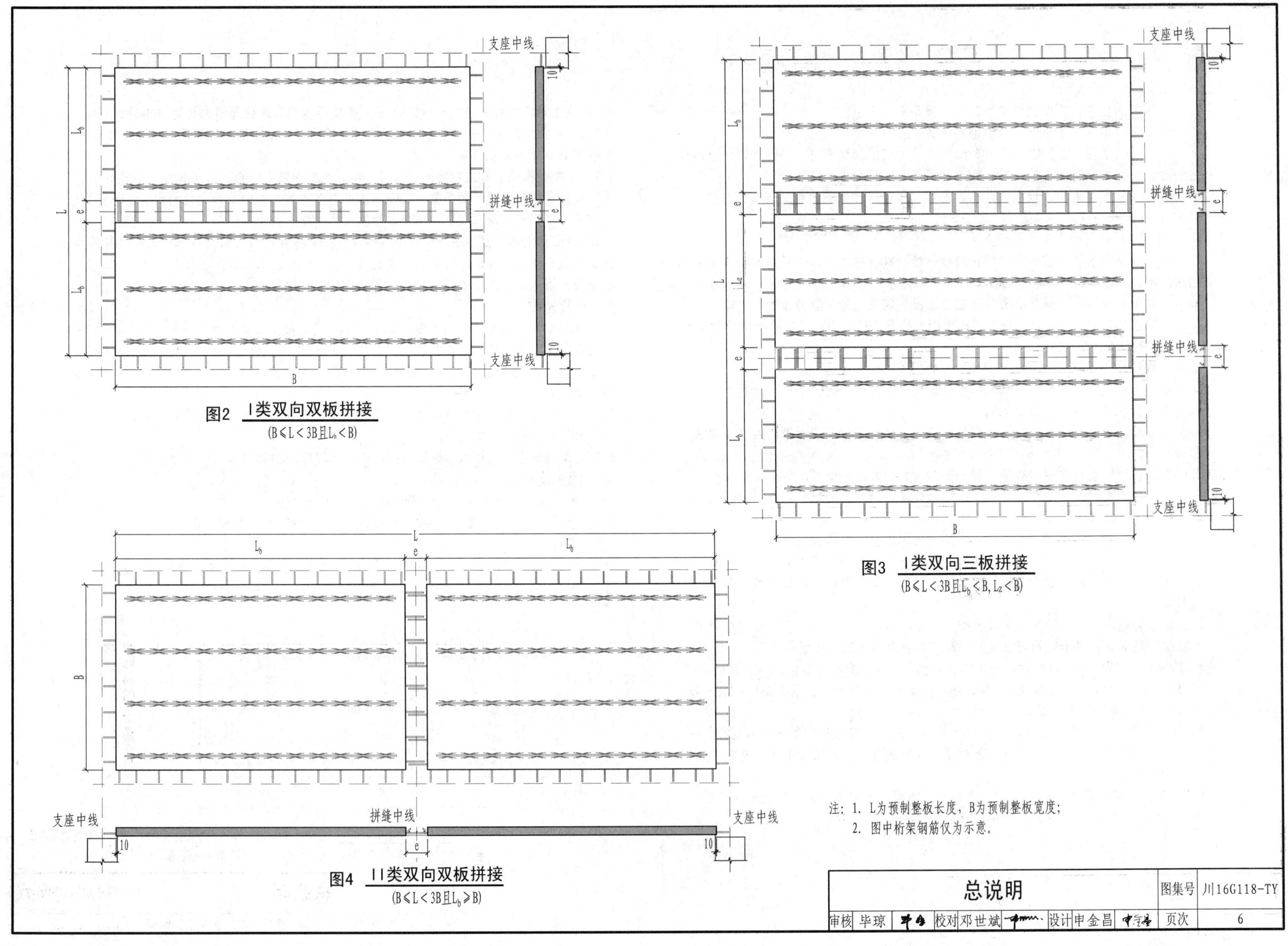

图2 Ⅰ类双向双板拼接
(B≤L<3B且L_b<B)

图3 Ⅰ类双向三板拼接
(B≤L<3B且L_b<B, L_z<B)

图4 Ⅱ类双向双板拼接
(B≤L<3B且L_b≥B)

注：1. L为预制整板长度，B为预制整板宽度；
2. 图中桁架钢筋仅为示意。

总说明

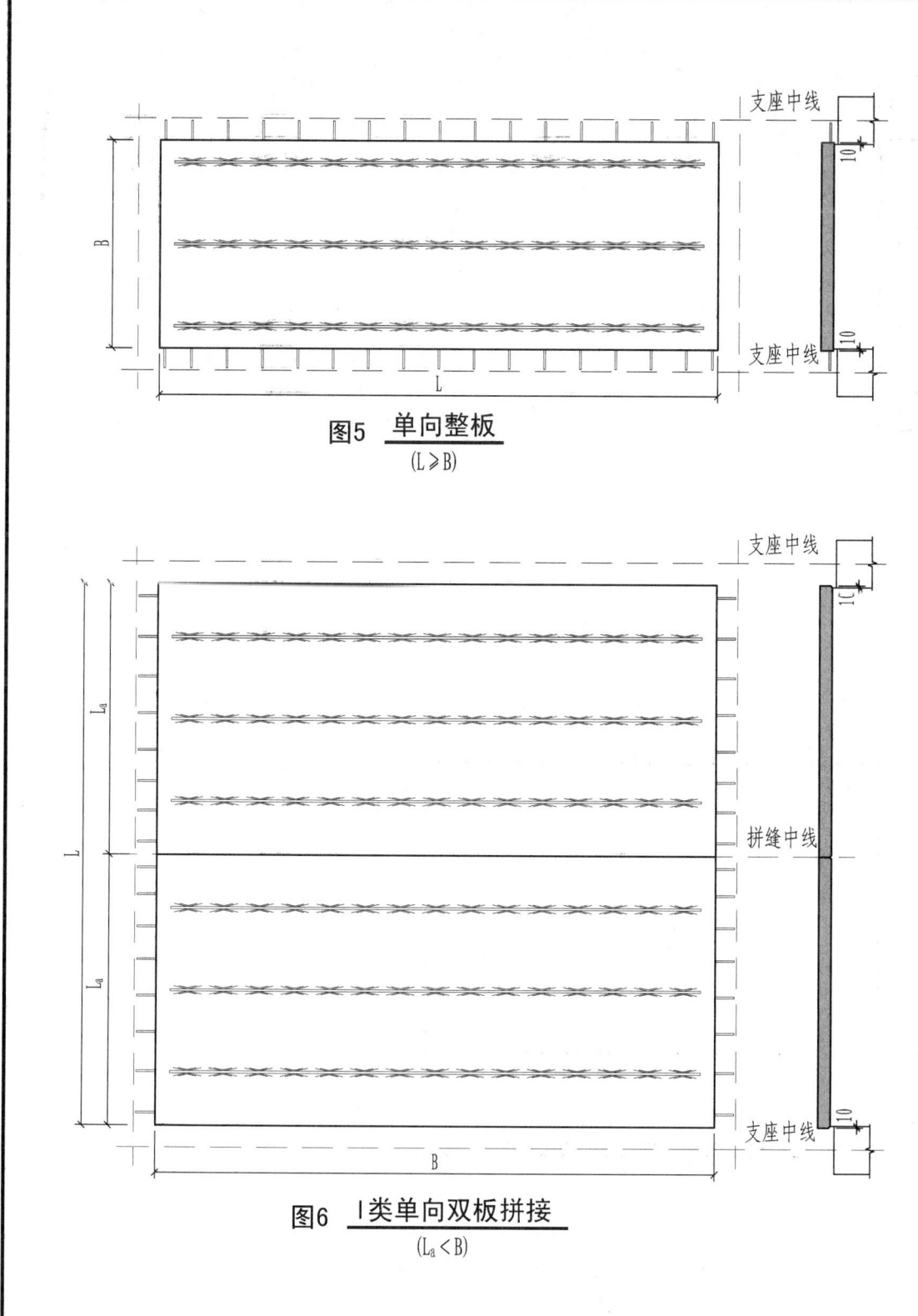

图5 单向整板
(L≥B)

图6 I类单向双板拼接
(L_a<B)

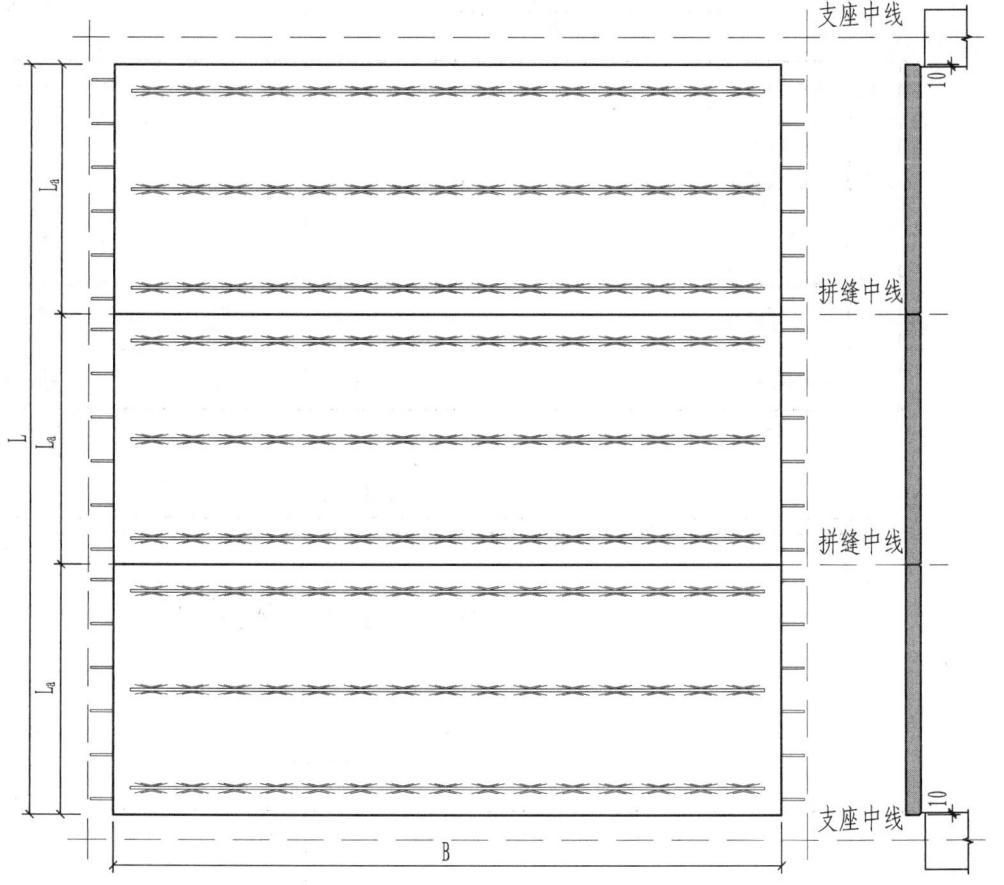

图7 I类单向三板拼接
(L_a<B)

注：1. L为预制整板长度，B为预制整板宽度；
2. 图中桁架钢筋仅为示意。

总说明	图集号	川16G118-TY
审核 毕琼　校对 邓世斌　设计 申金昌	页次	7

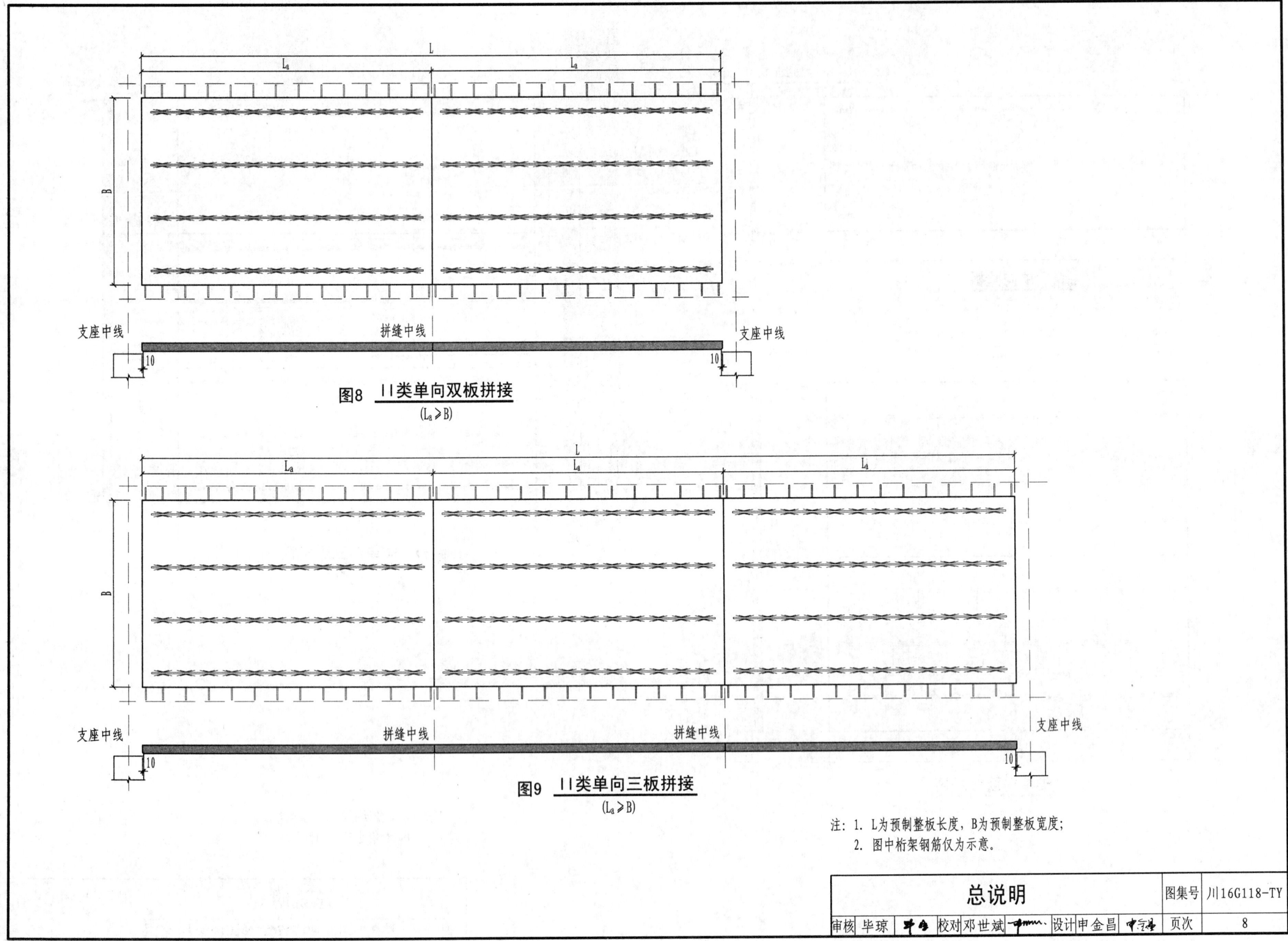

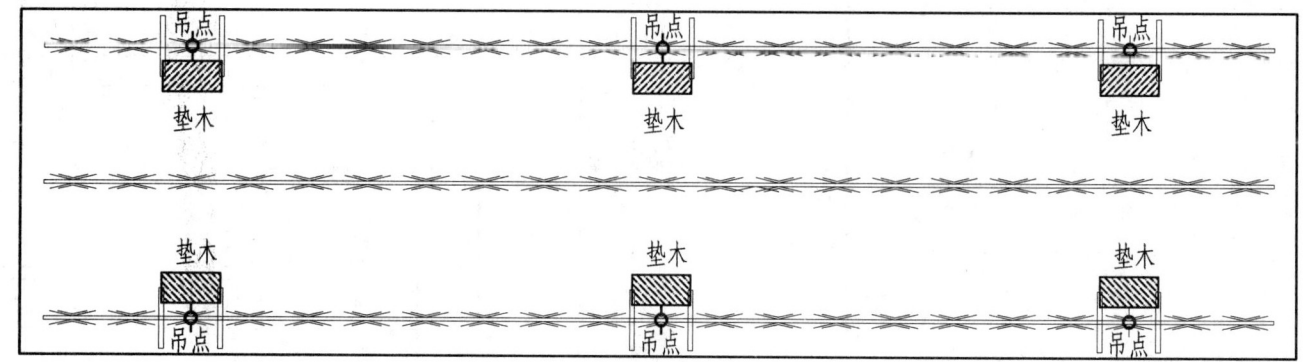

图10 垫木摆放示意图(一)

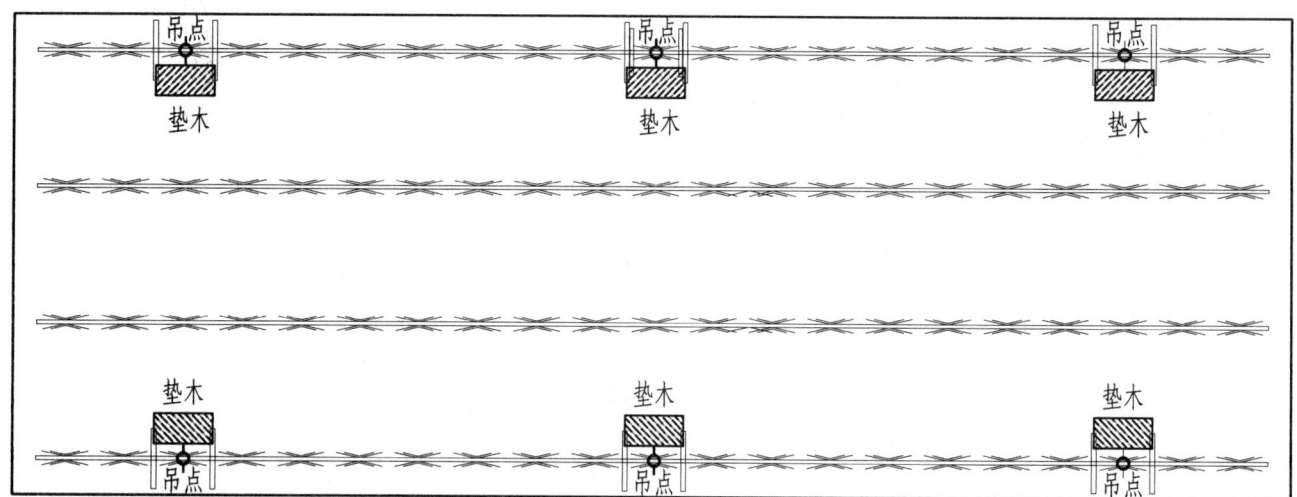

图11 垫木摆放示意图(二)

注：1.图中桁架钢筋仅为示意。

	总说明	图集号	川16G118-TY
审核 毕琼　　校对 邓世斌　　设计 申金昌		页次	9

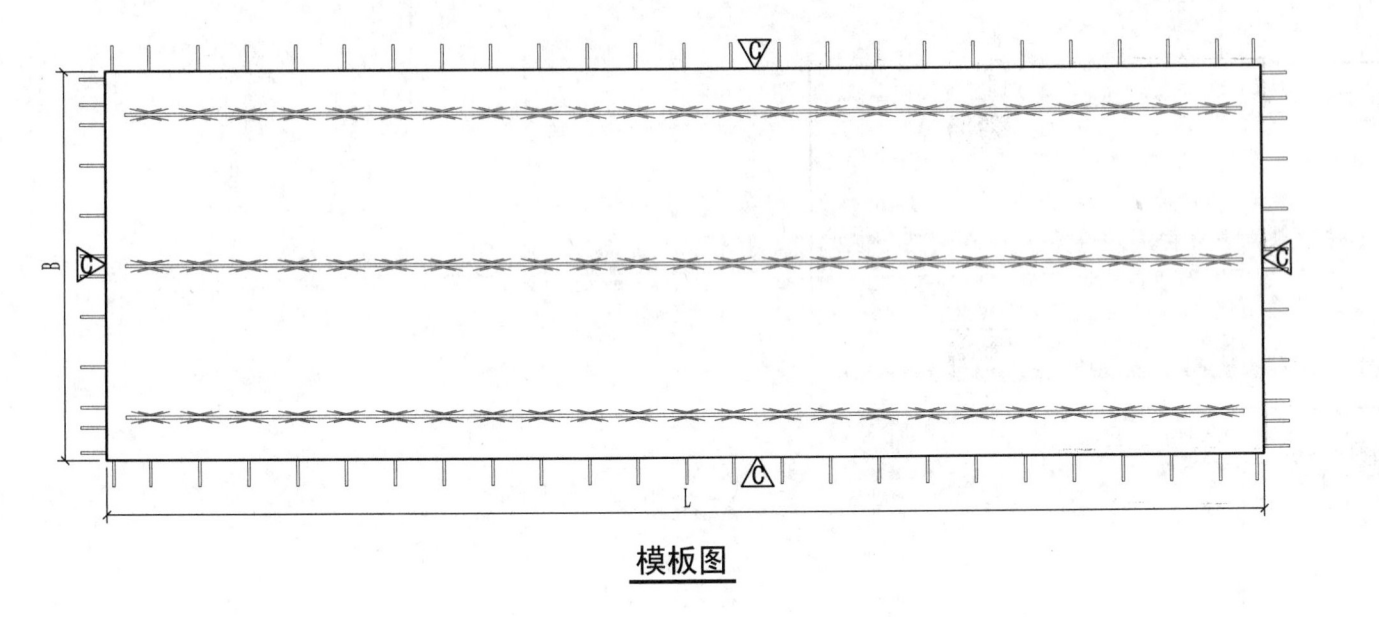

模板图

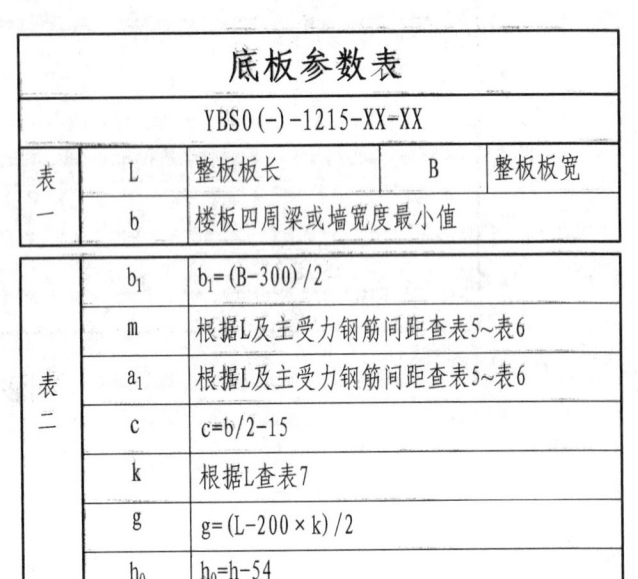

右视图

底板参数表

YBS0(-)-1215-XX-XX

表一	L	整板板长	B	整板板宽
	b	楼板四周梁或墙宽度最小值		

表二	b_1	$b_1=(B-300)/2$
	m	根据L及主受力钢筋间距查表5~表6
	a_1	根据L及主受力钢筋间距查表5~表6
	c	$c=b/2-15$
	k	根据L查表7
	g	$g=(L-200×k)/2$
	h_0	$h_0=h-54$

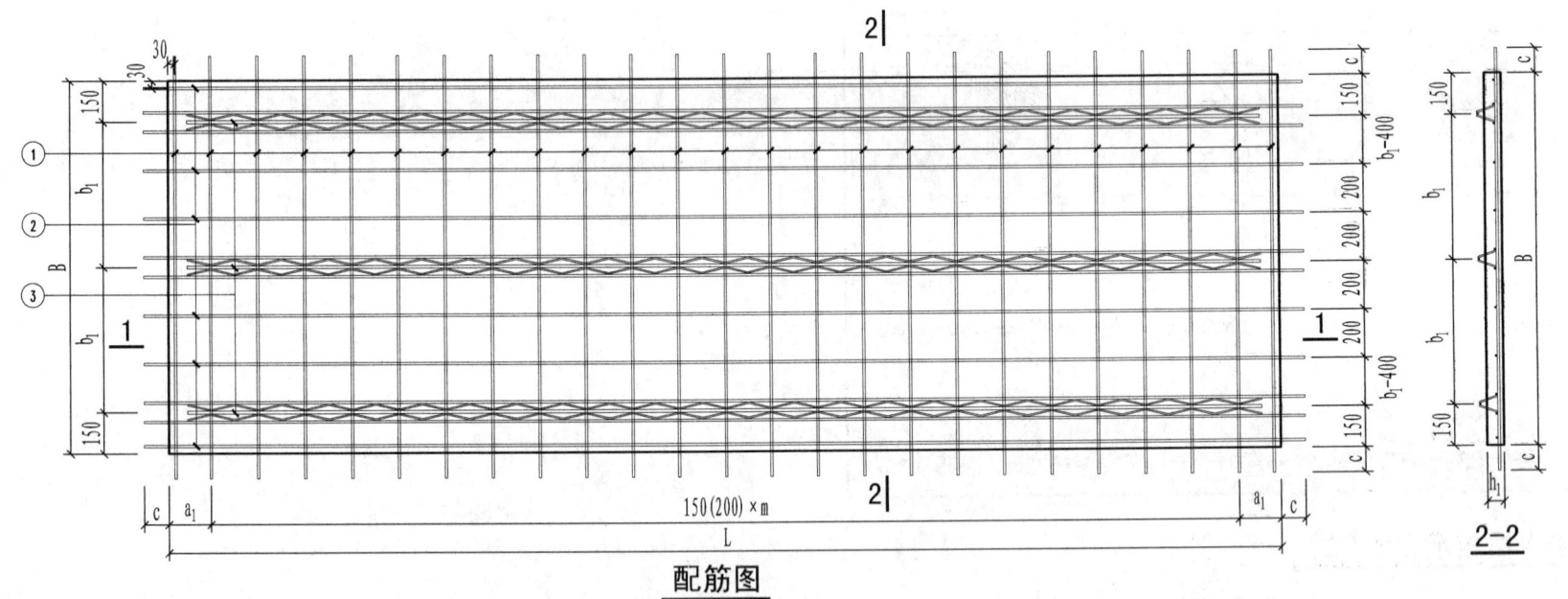

配筋图

钢筋明细表

钢筋编号	规格	数量	加工尺寸	备注
①	-	-	B+2c	板主受力筋
②	-	6	L+2c	板次受力筋
③	Φ10	3	200×k	桁架上弦筋
	Φ8	6	L+2c	桁架下弦筋
	Φ6.5	6	k节	桁架腹杆筋

2-2

1-1

双向整板模板及配筋图(1200≤B<1500)
YBS0(-)-1215-XX-X1/YBS0(-)-1215-XX-X3

图集号 川16G118-TY

页次 10

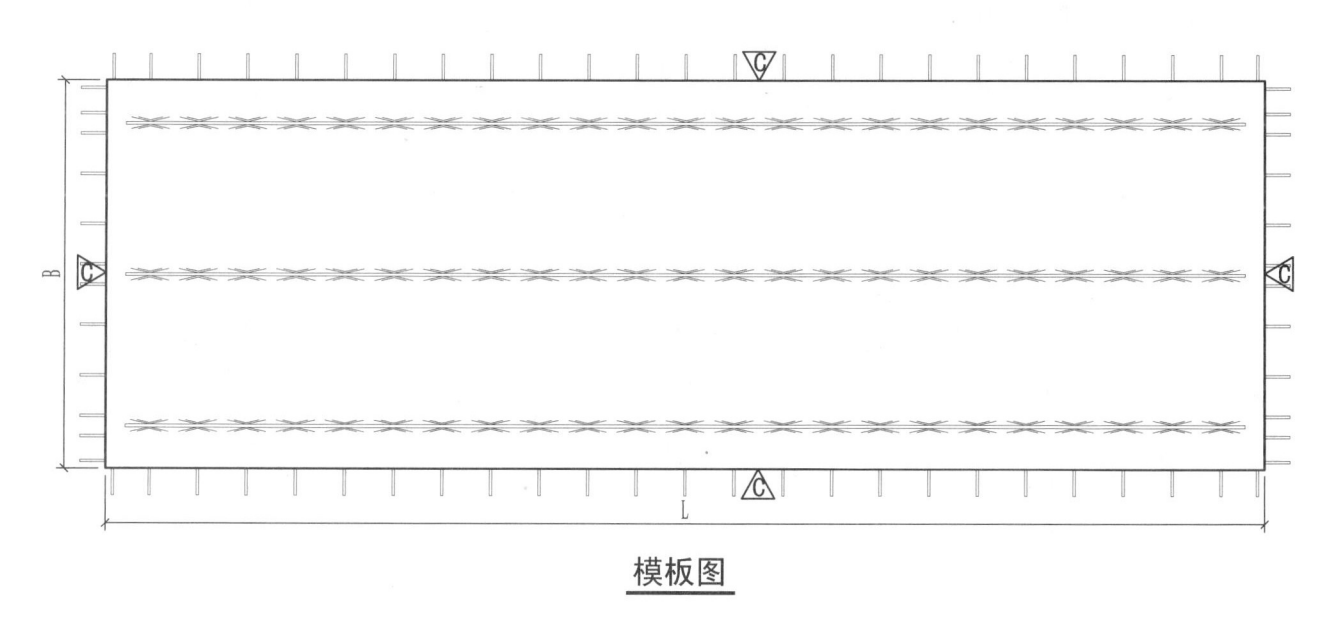

模板图

右视图

底板参数表

YBS0(-)-1518-XX-XX		
表一	L	整板板长	B	整板板宽
	b	楼板四周梁或墙宽度最小值		

表二	b_2	$b_2=(B-1200)/2$
	m	根据L及主受力钢筋间距查表5~表6
	a_1	根据L及主受力钢筋间距查表5~表6
	c	$c=b/2-15$
	k	根据L查表7
	g	$g=(L-200\times k)/2$
	h_0	$h_0=h-54$

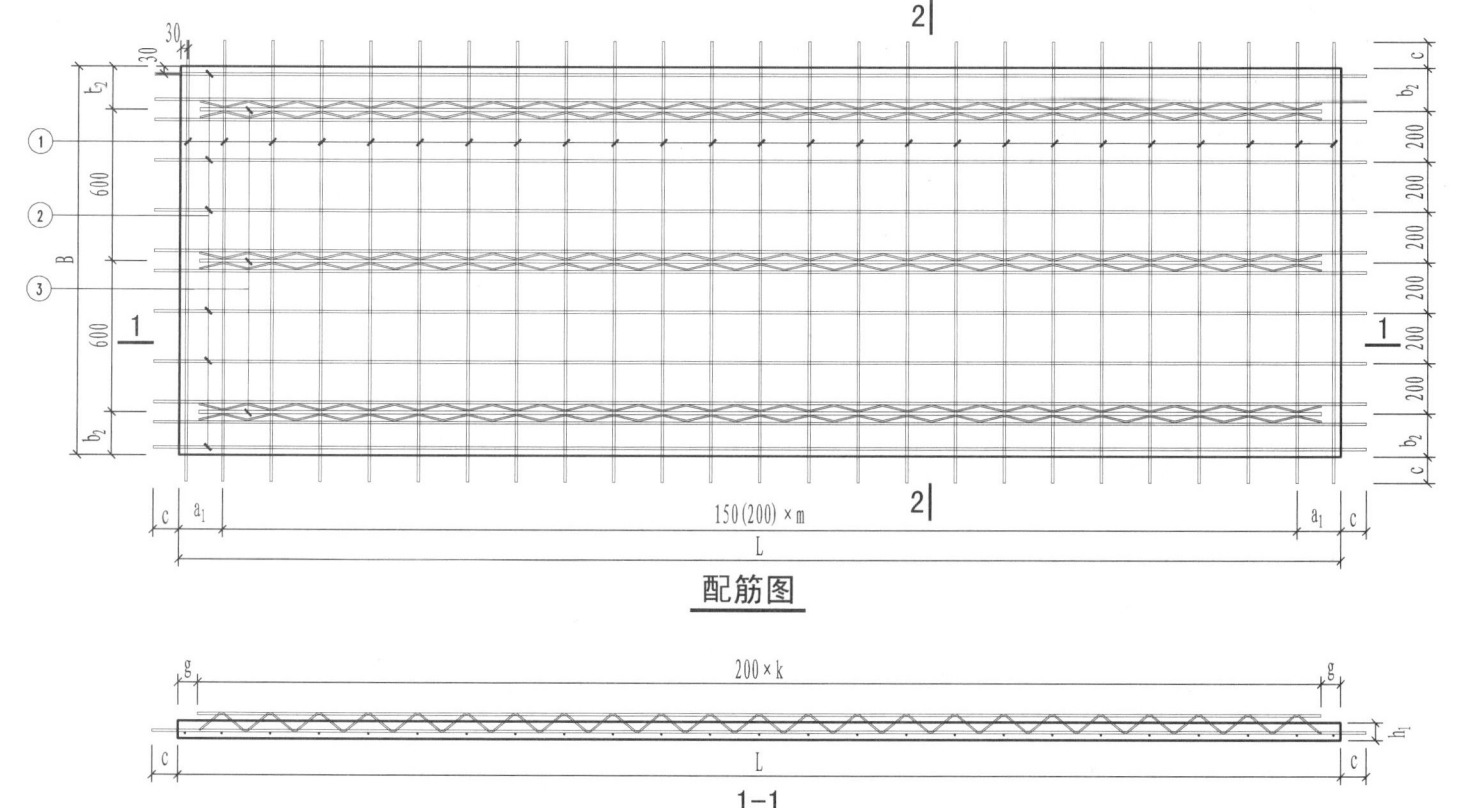

配筋图

2-2

1-1

钢筋明细表

钢筋编号	规格	数量	加工尺寸	备注
①	-	-	B+2c	板主受力筋
②	-	6	L+2c	板次受力筋
③	⌀10	3	200×k	桁架上弦筋
	⌀8	6	L+2c	桁架下弦筋
	φ6.5	6	k节	桁架腹杆筋

双向整板模板及配筋图(1500≤B<1800)
YBS0(-)-1518-XX-X1/YBS0(-)-1518-XX-X3

图集号 川16G118-TY

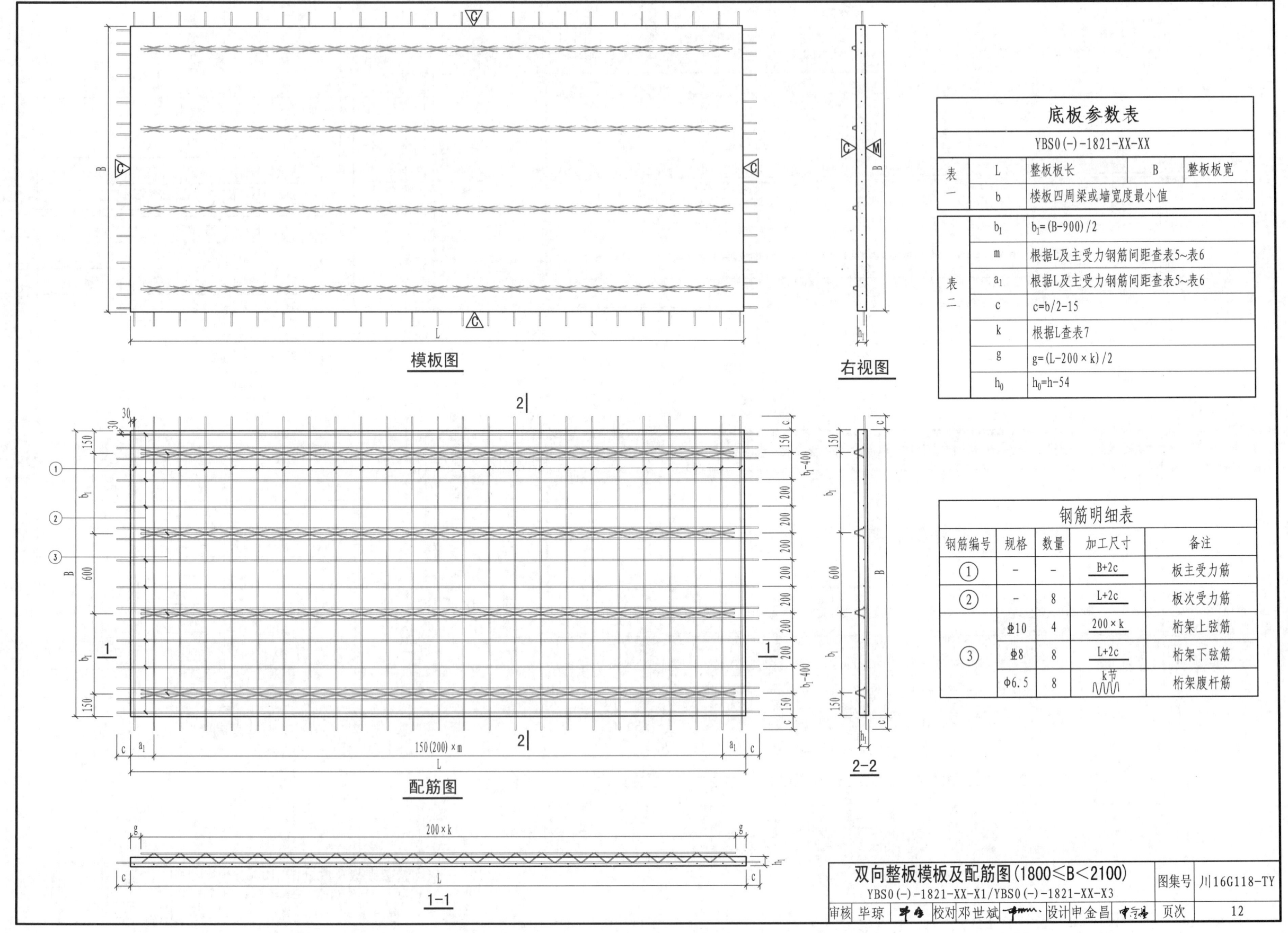

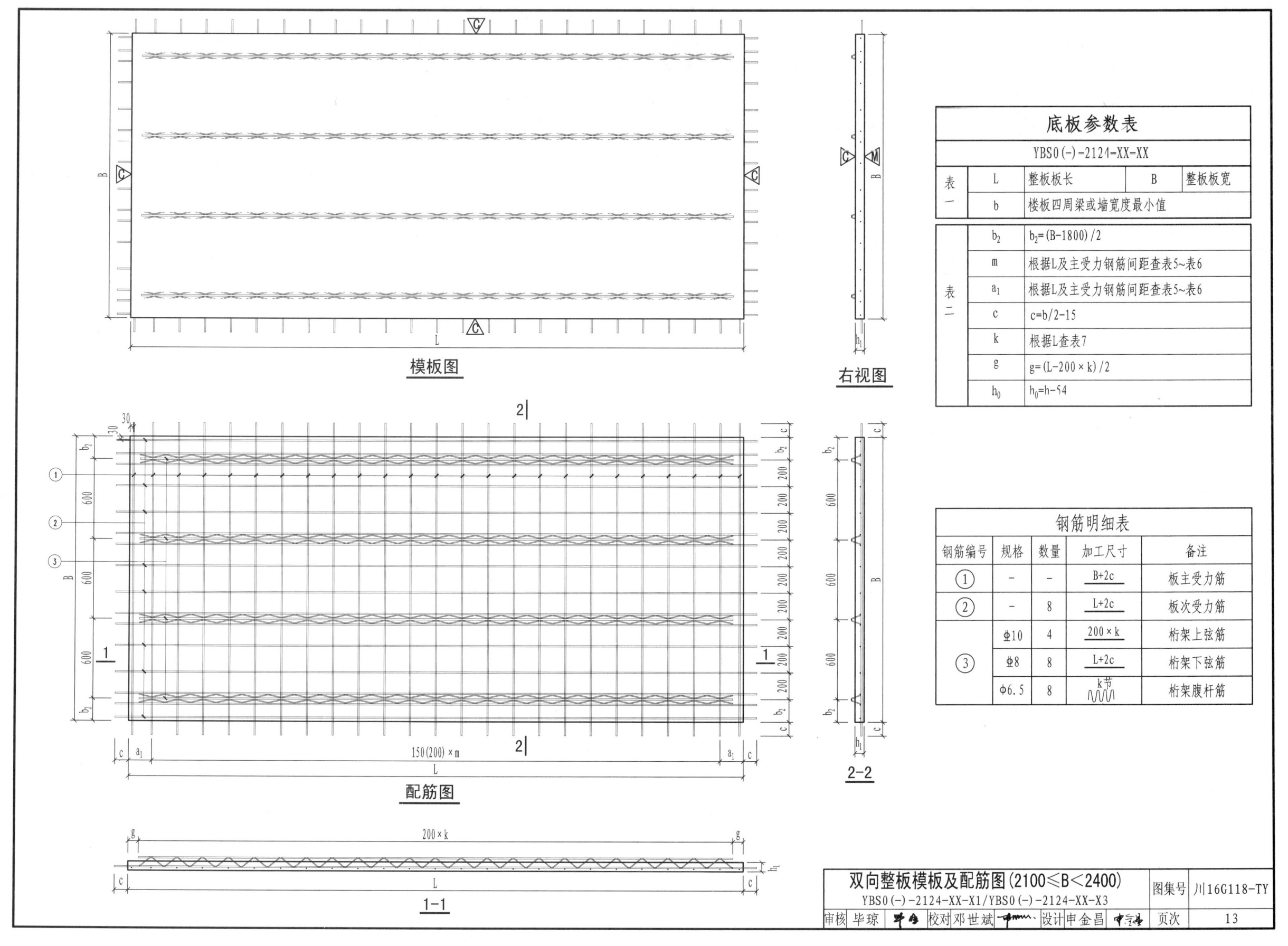

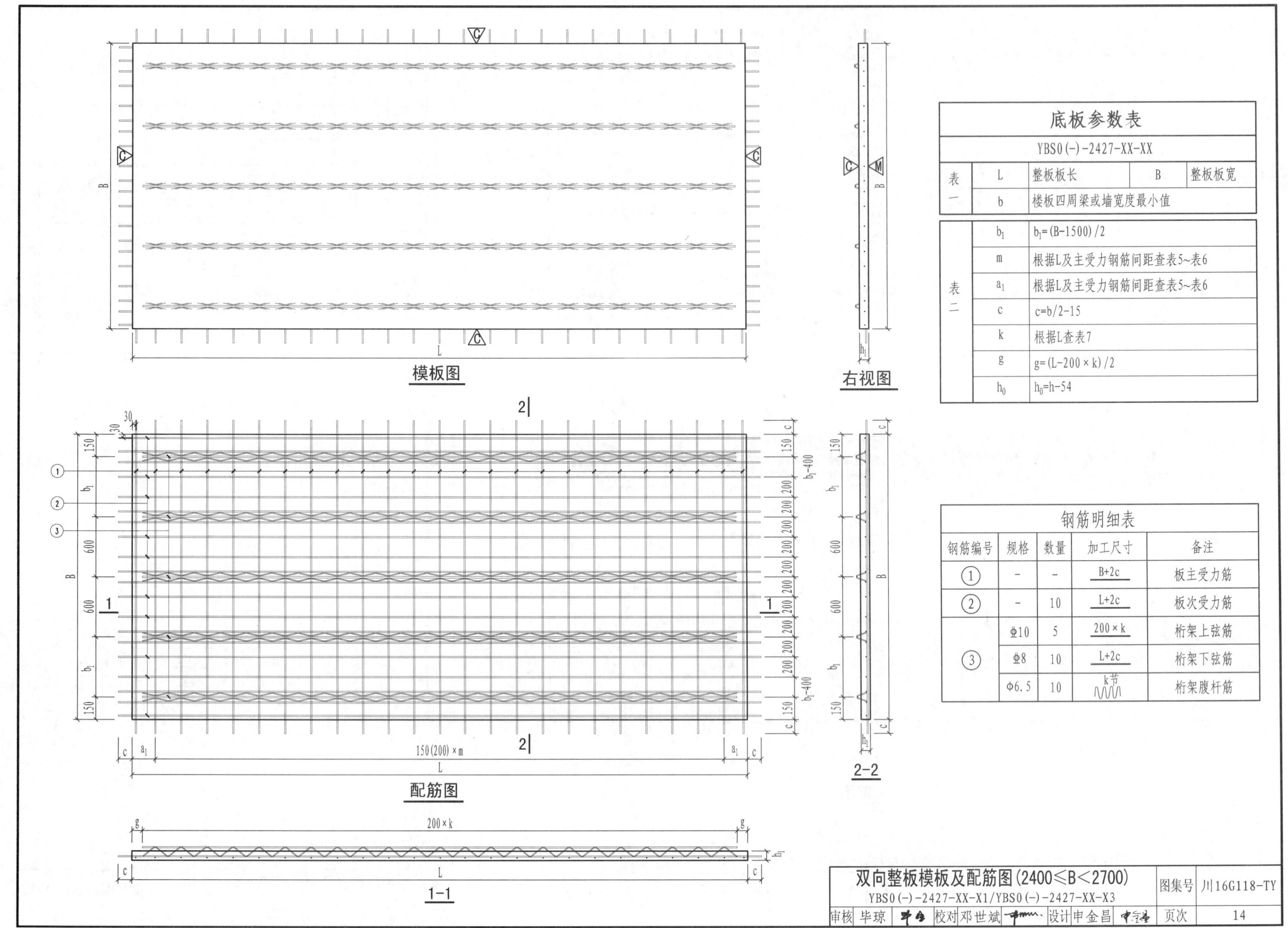

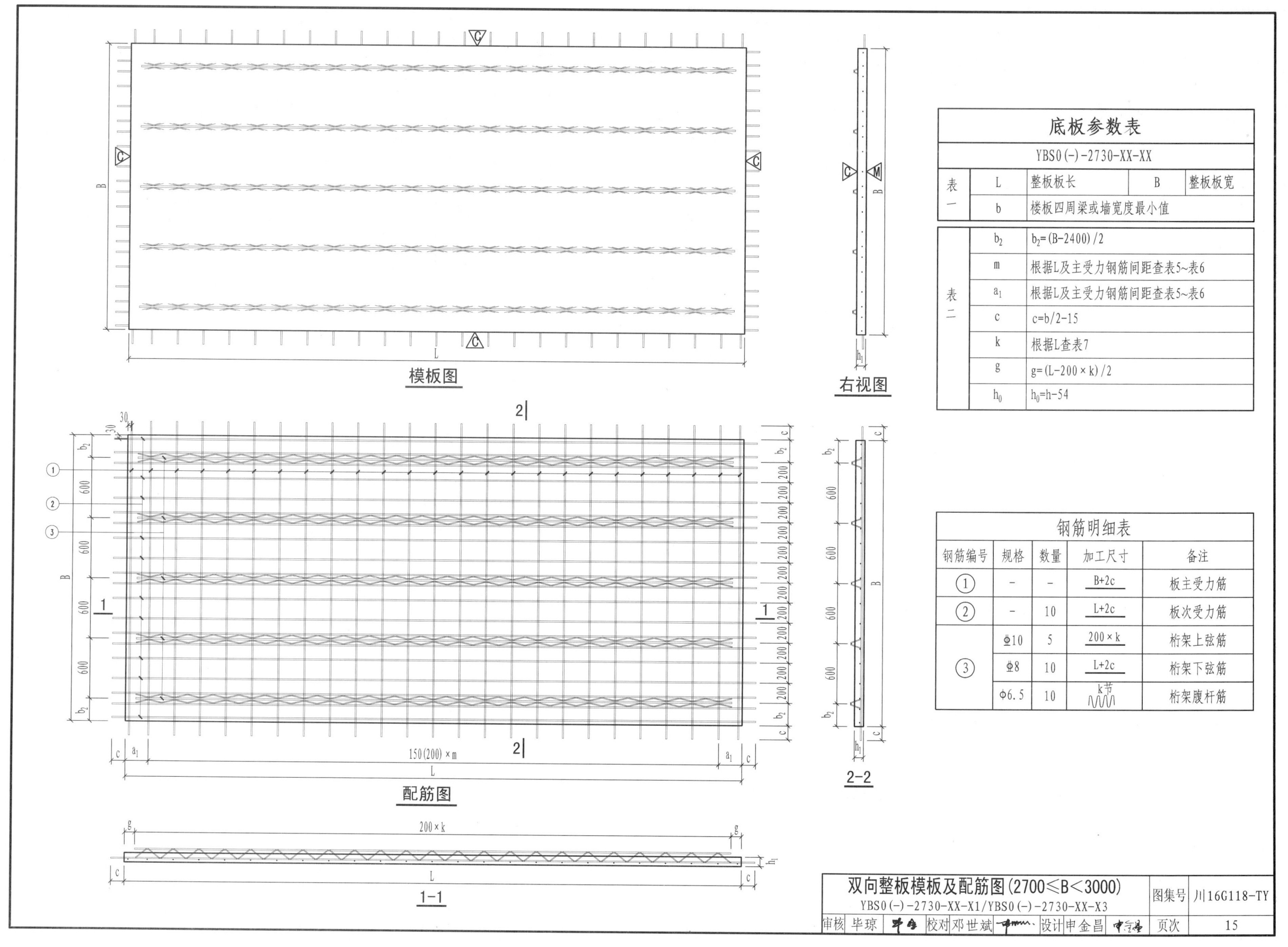

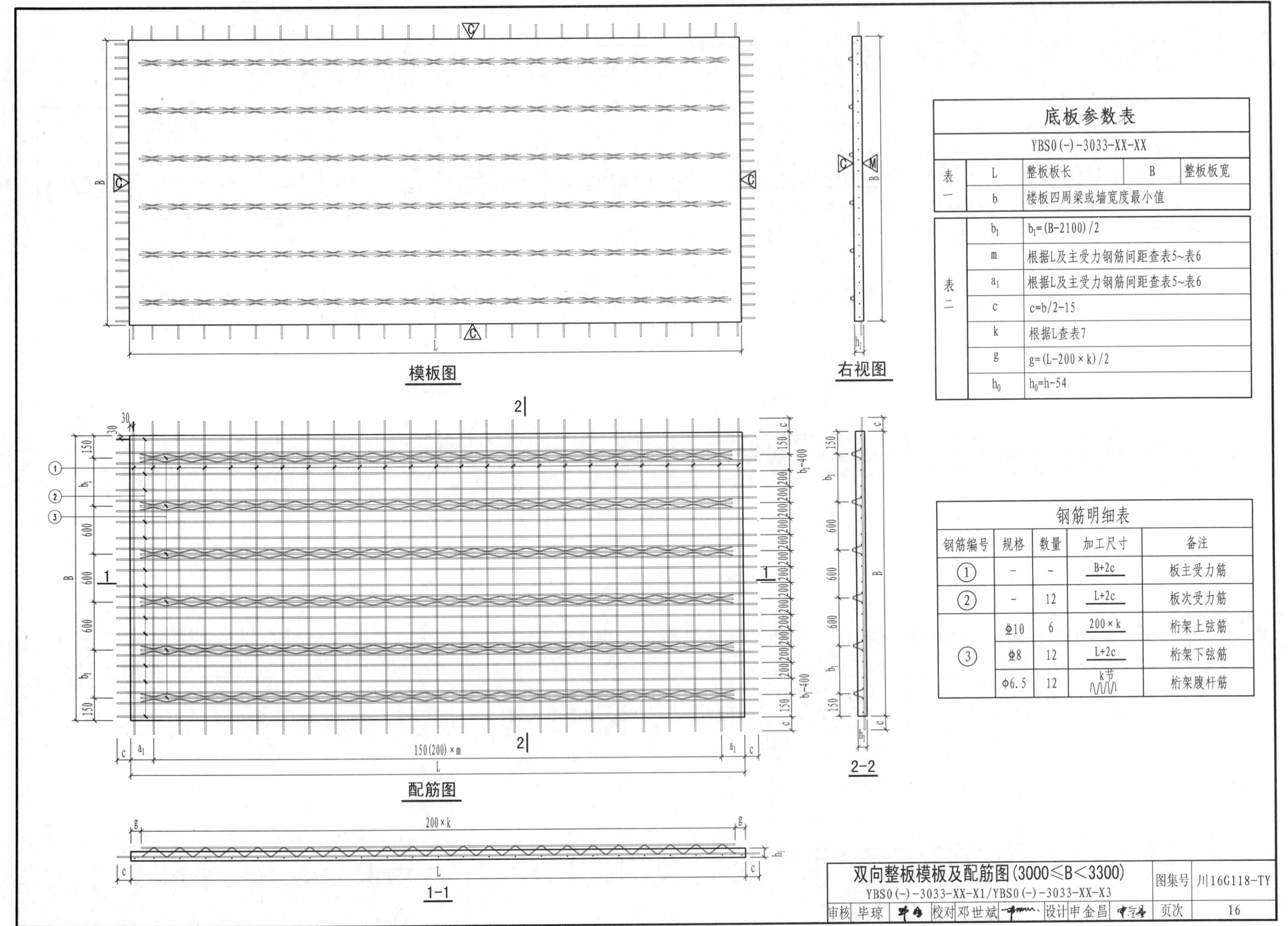

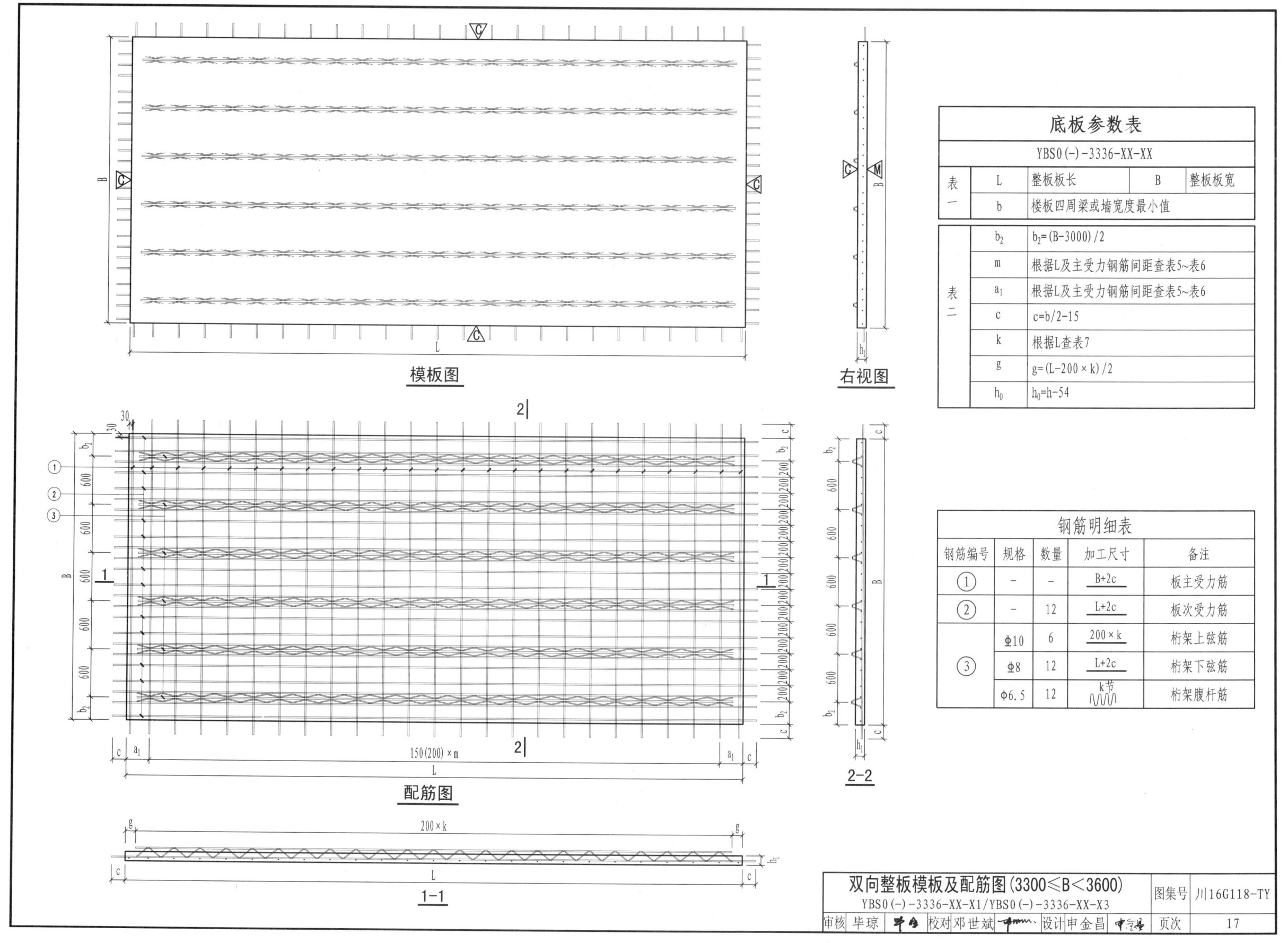

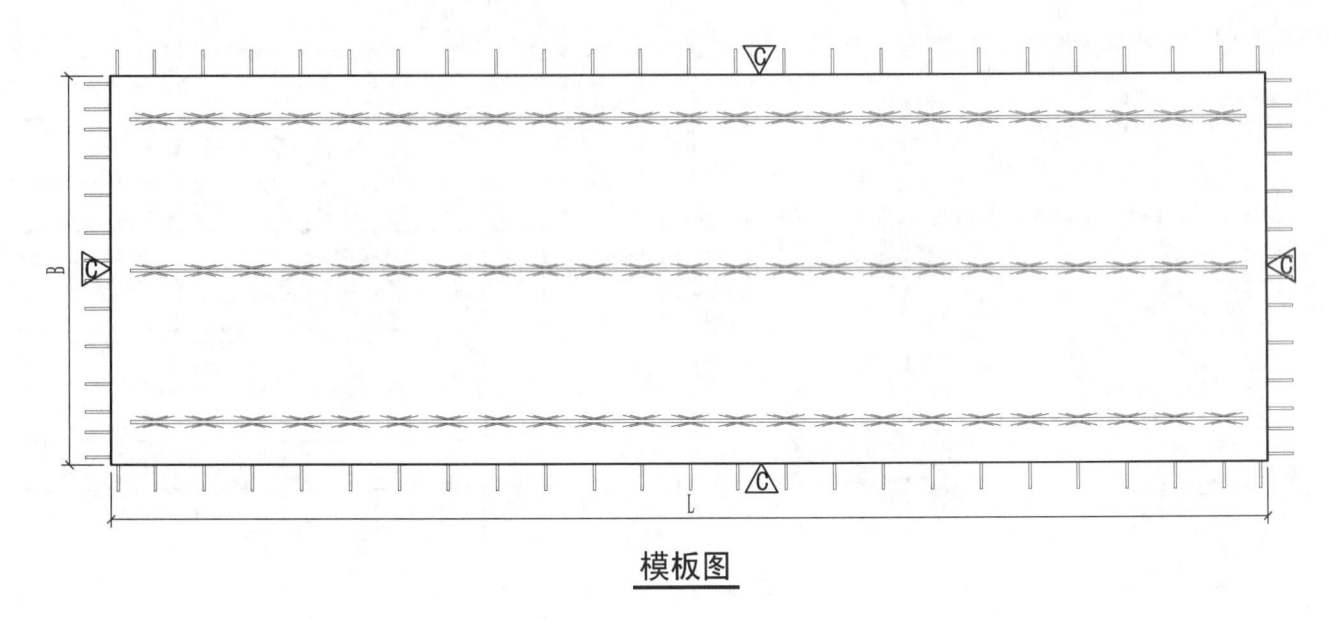

模板图

右视图

底板参数表

YBS0(-)-1215-XX-XX

表一	L	整板板长	B	整板板宽
	b	楼板四周梁或墙宽度最小值		

表二	b_1	$b_1=(B-300)/2$
	m	根据L及主受力钢筋间距查表5~表6
	a_1	根据L及主受力钢筋间距查表5~表6
	c	c=b/2-15
	k	根据L查表7
	g	$g=(L-200\times k)/2$
	h_0	$h_0=h-54$

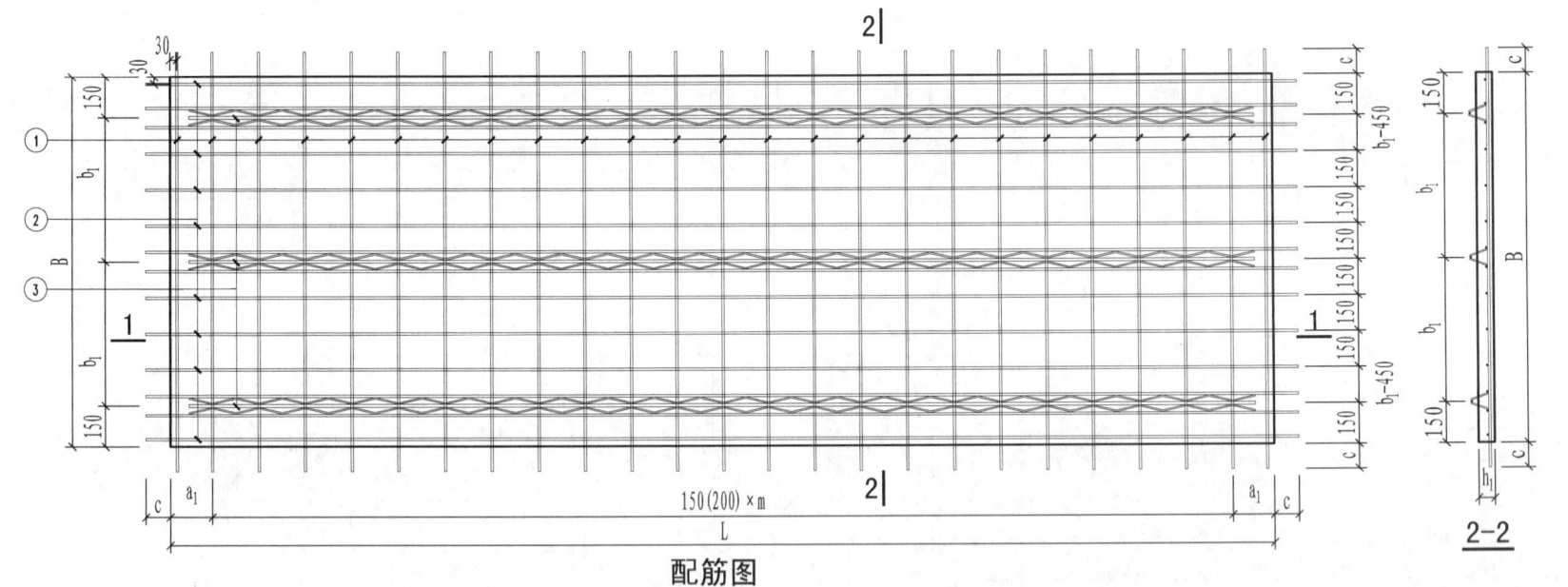

配筋图

钢筋明细表

钢筋编号	规格	数量	加工尺寸	备注
①	-	-	B+2c	板主受力筋
②	-	8	L+2c	板次受力筋
③	⏀10	3	200×k	桁架上弦筋
	⏀8	6	L+2c	桁架下弦筋
	Φ6.5	6	k节	桁架腹杆筋

双向整板模板及配筋图(1200≤B＜1500)
YBS0(-)-1215-XX-X2/YBS0(-)-1215-XX-X4

图集号 川16G118-TY

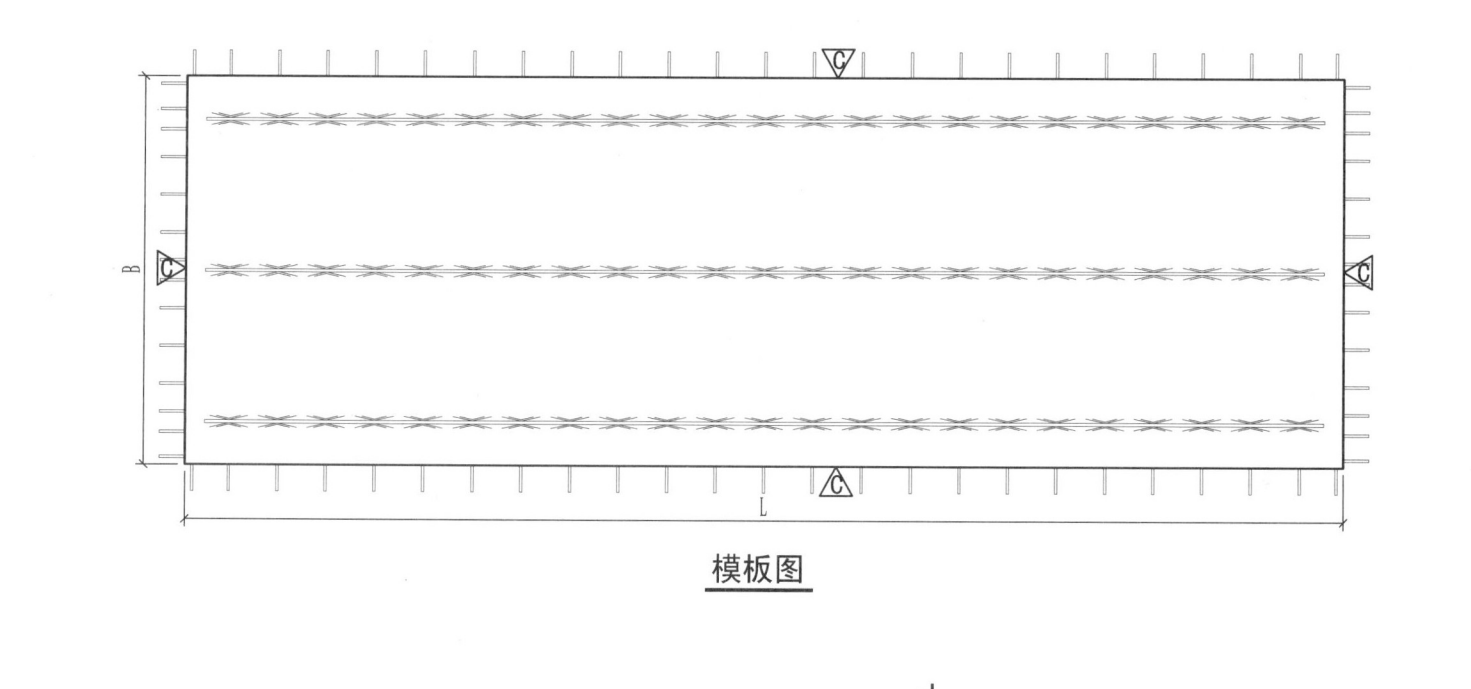

模板图

右视图

底板参数表

YBS0(-)-1518-XX-XX

表			
表一	L	整板板长	B	整板板宽
	b	楼板四周梁或墙宽度最小值		
表二	b_2	$b_2=(B-1200)/2$		
	m	根据L及主受力钢筋间距查表5~表6		
	a_1	根据L及主受力钢筋间距查表5~表6		
	c	$c=b/2-15$		
	k	根据L查表7		
	g	$g=(L-200×k)/2$		
	h_0	$h_0=h-54$		

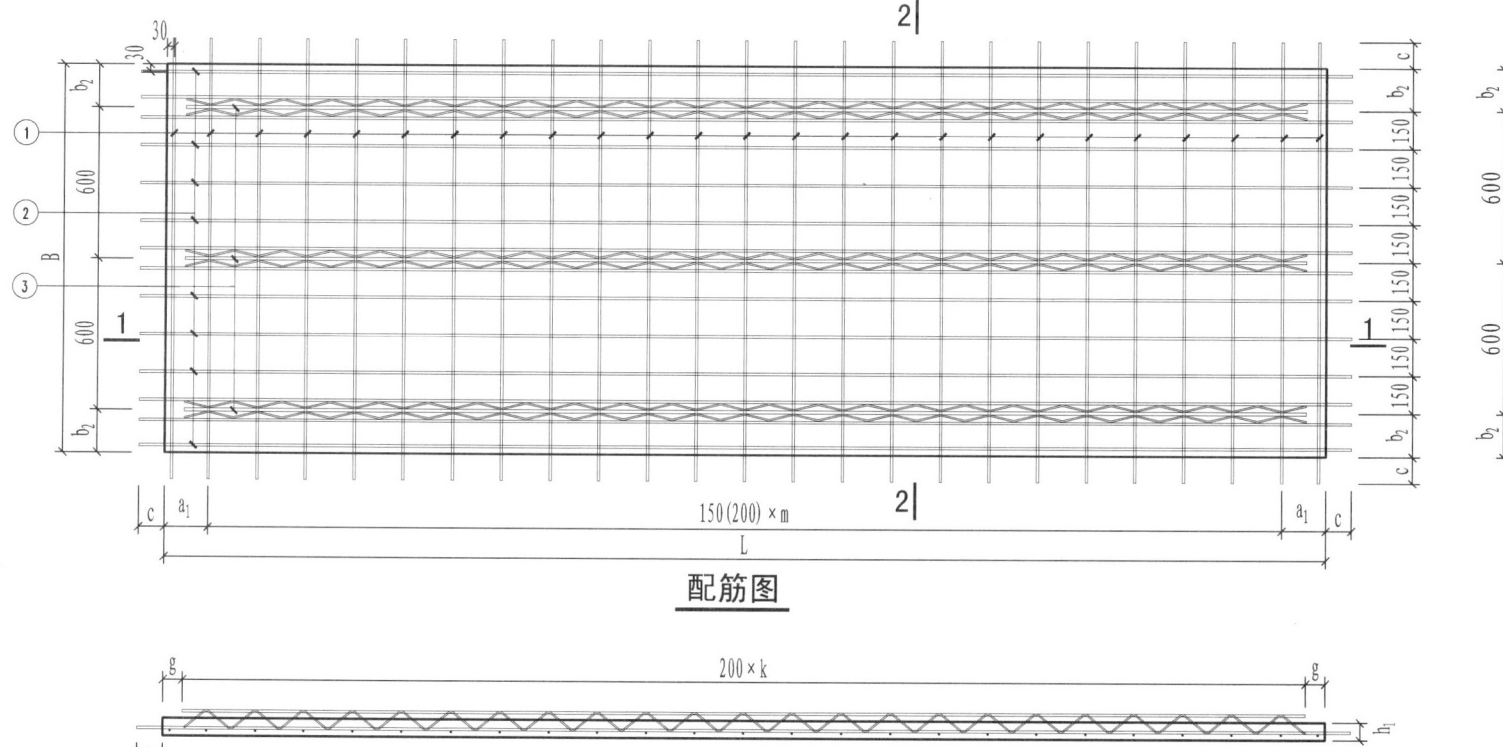

配筋图

2-2

1-1

钢筋明细表

钢筋编号	规格	数量	加工尺寸	备注
①	-	-	B+2c	板主受力筋
②	-	8	L+2c	板次受力筋
③	⌀10	3	200×k	桁架上弦筋
	⌀8	6	L+2c	桁架下弦筋
	Φ6.5	6	k节	桁架腹杆筋

双向整板模板及配筋图(1500≤B＜1800)
YBS0(-)-1518-XX-X2/YBS0(-)-1518-XX-X4

图集号 川16G118-TY

页次 19

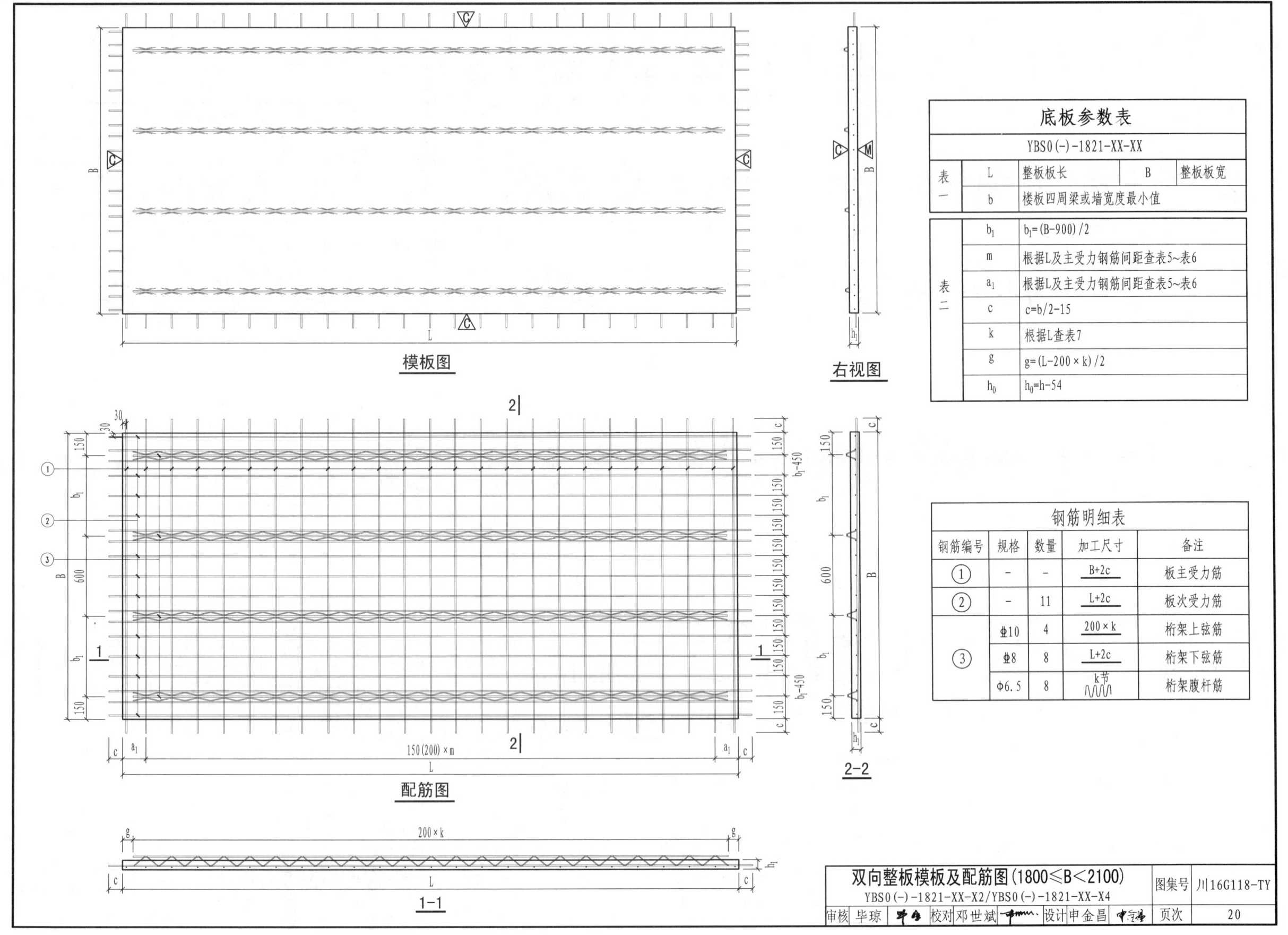

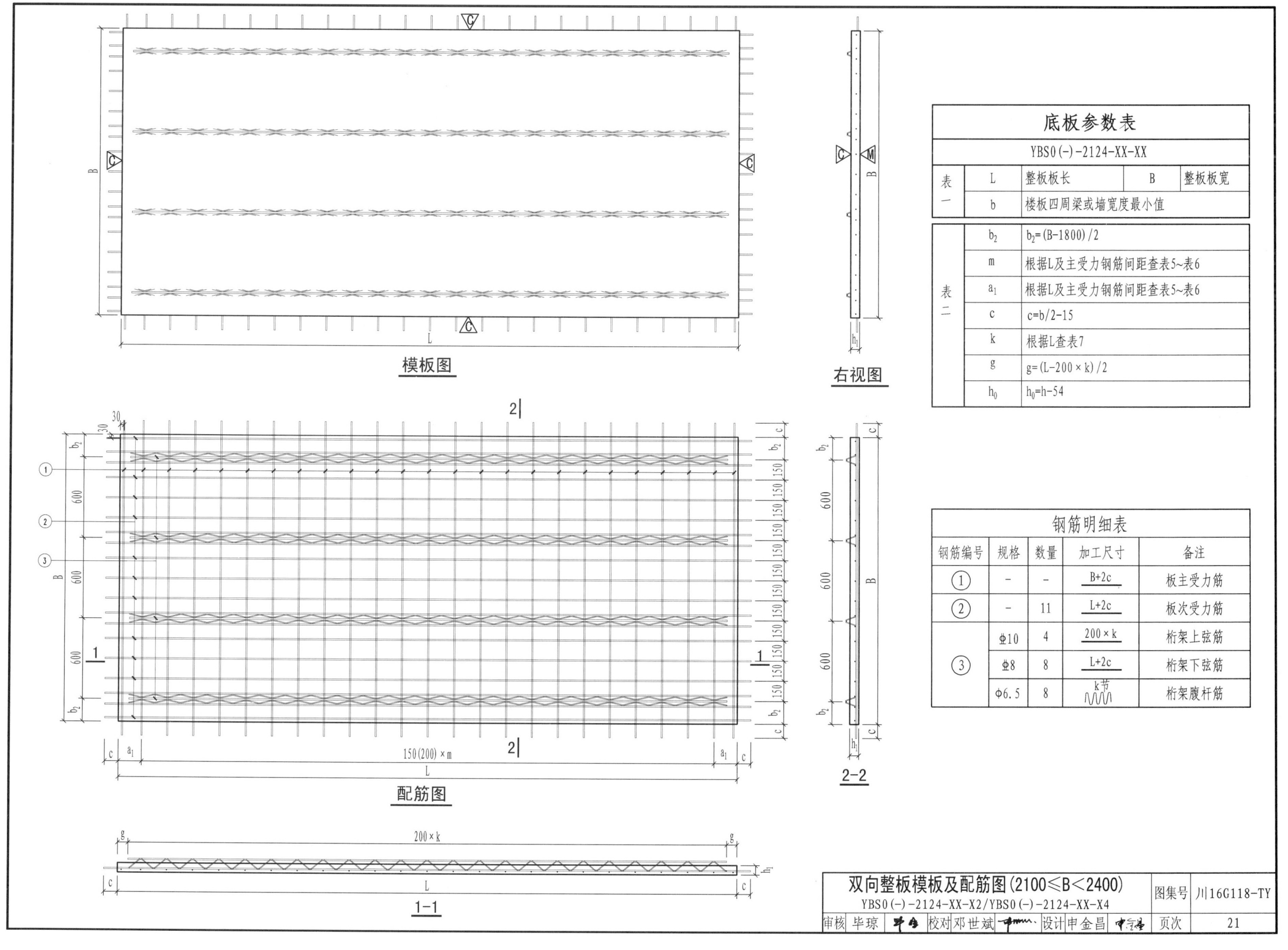

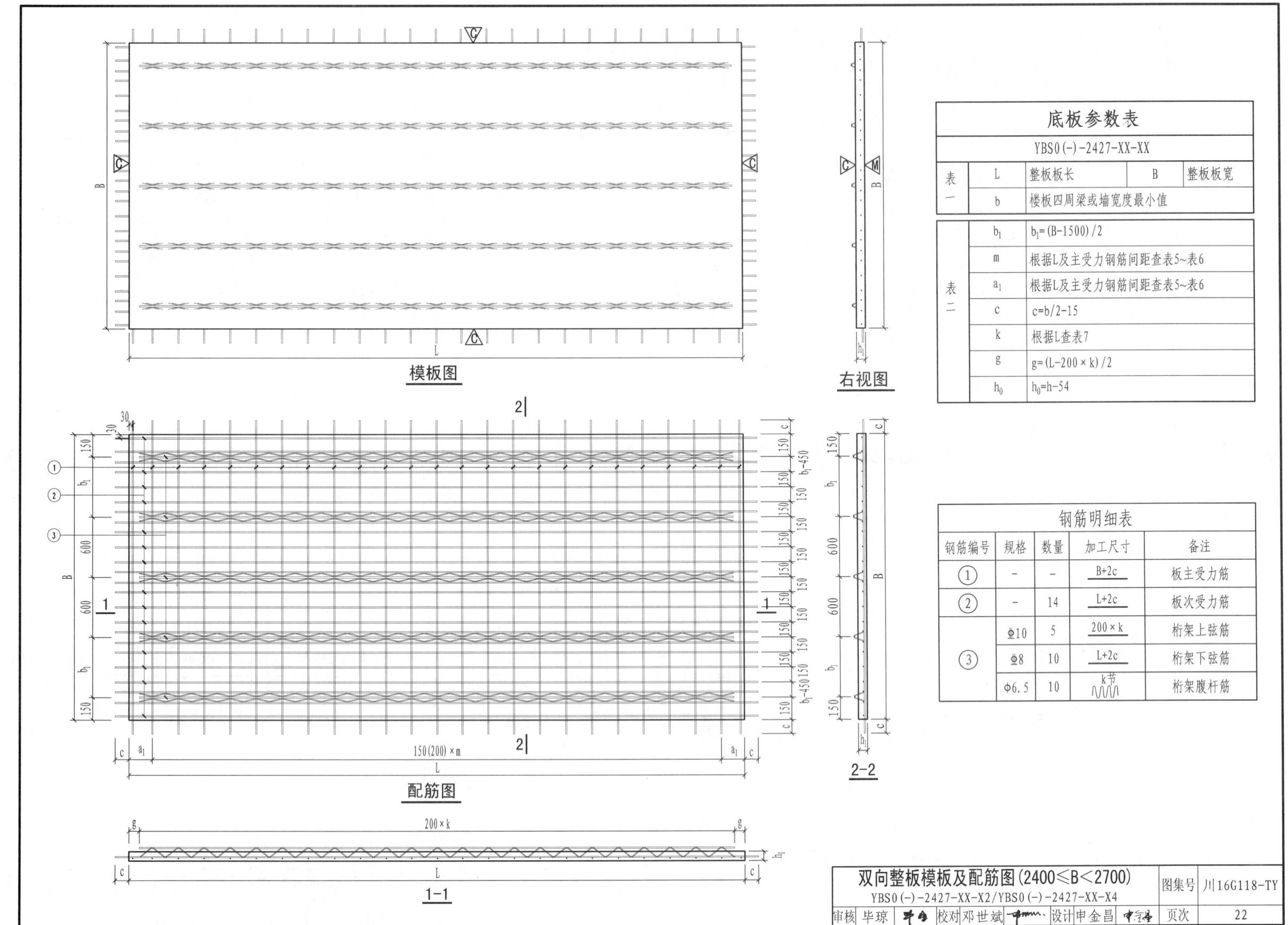

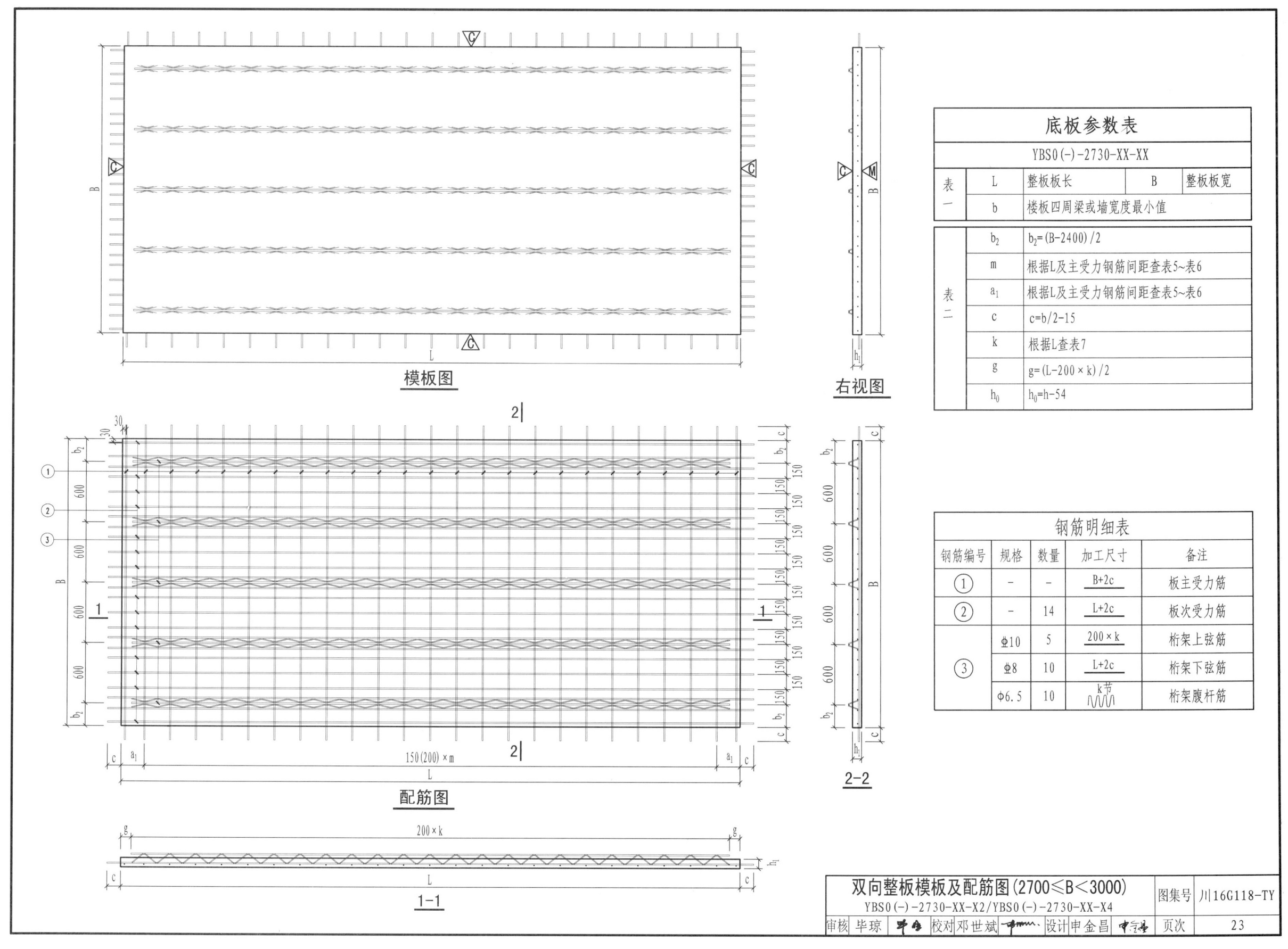

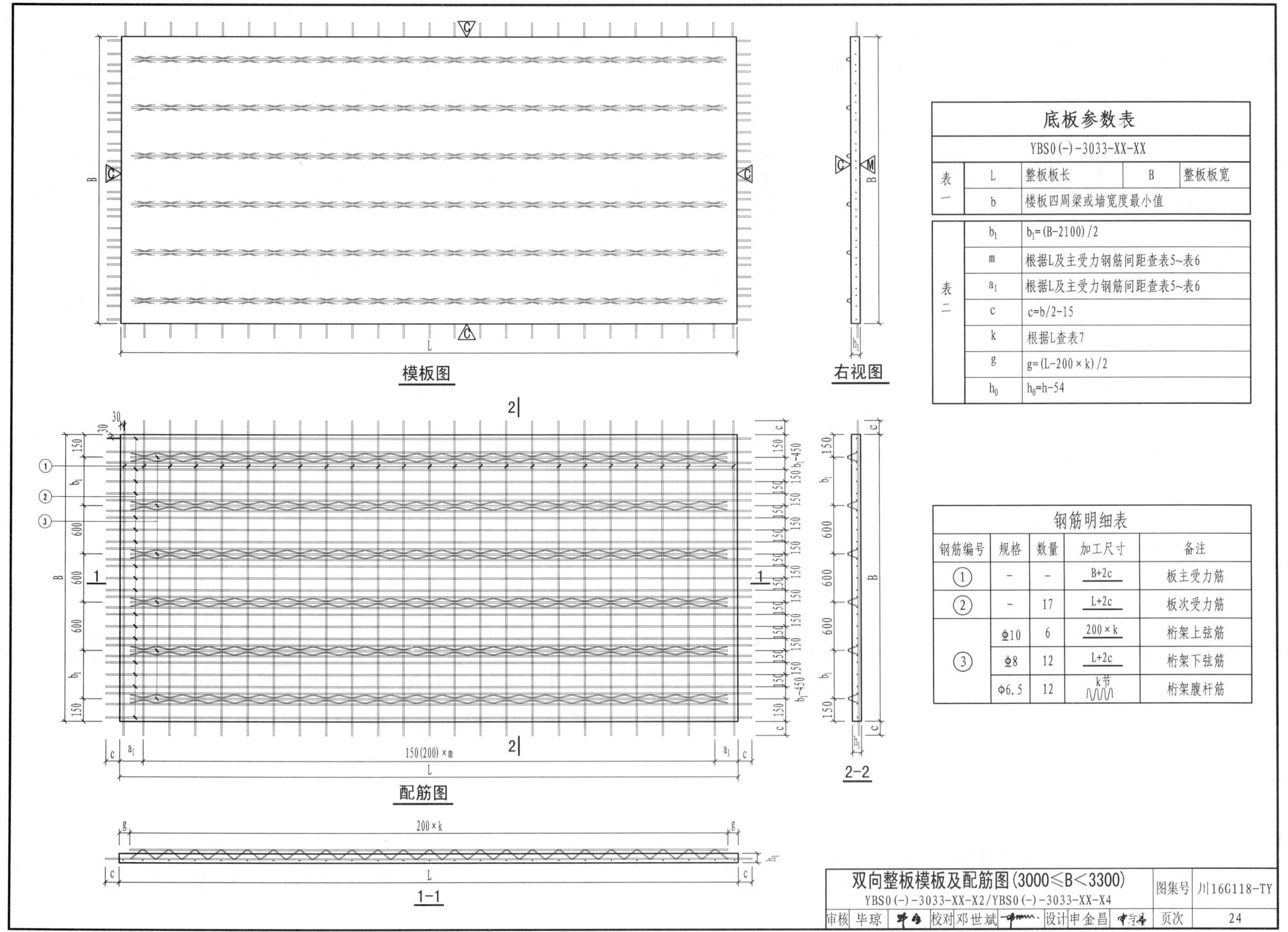

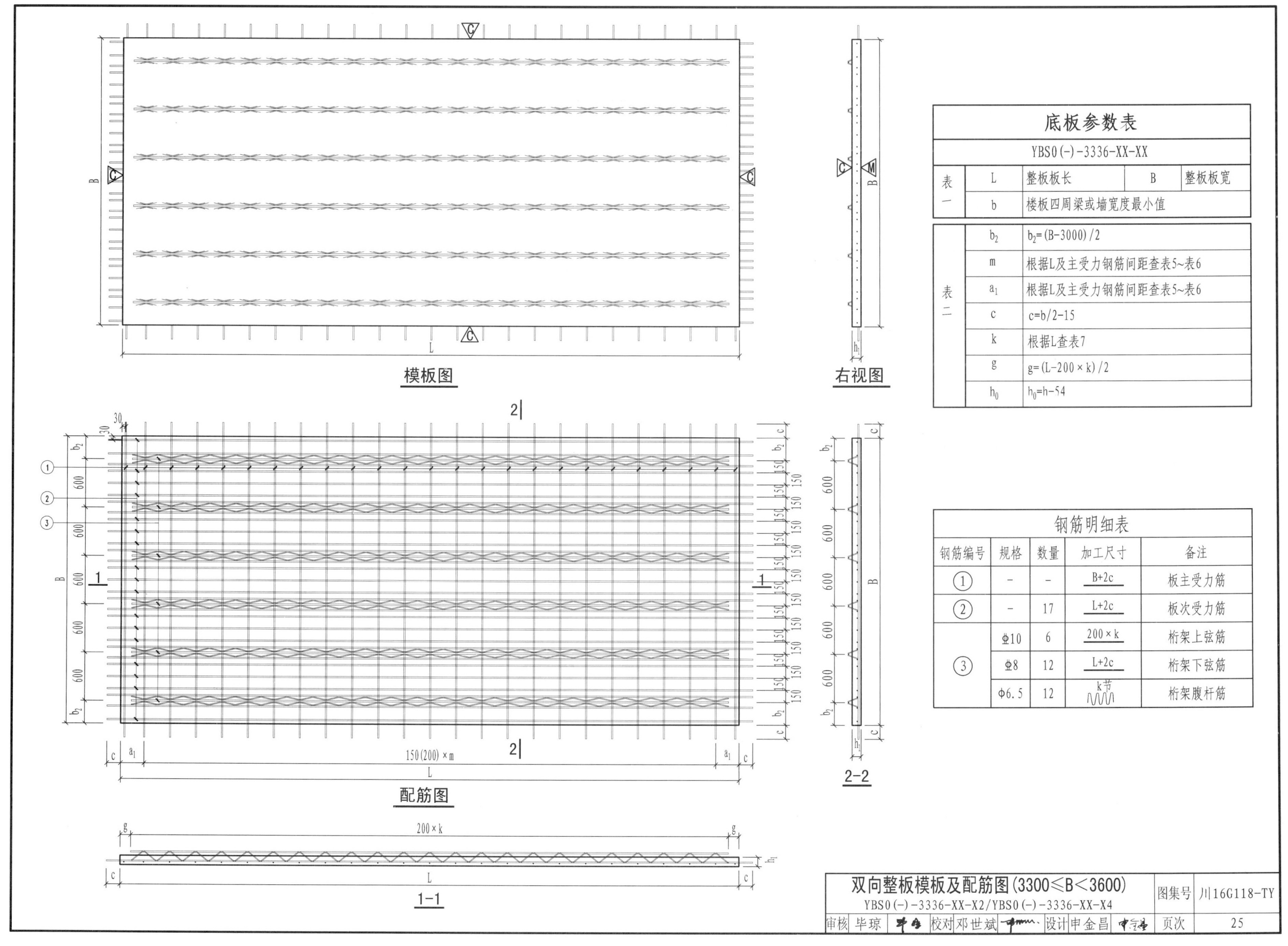

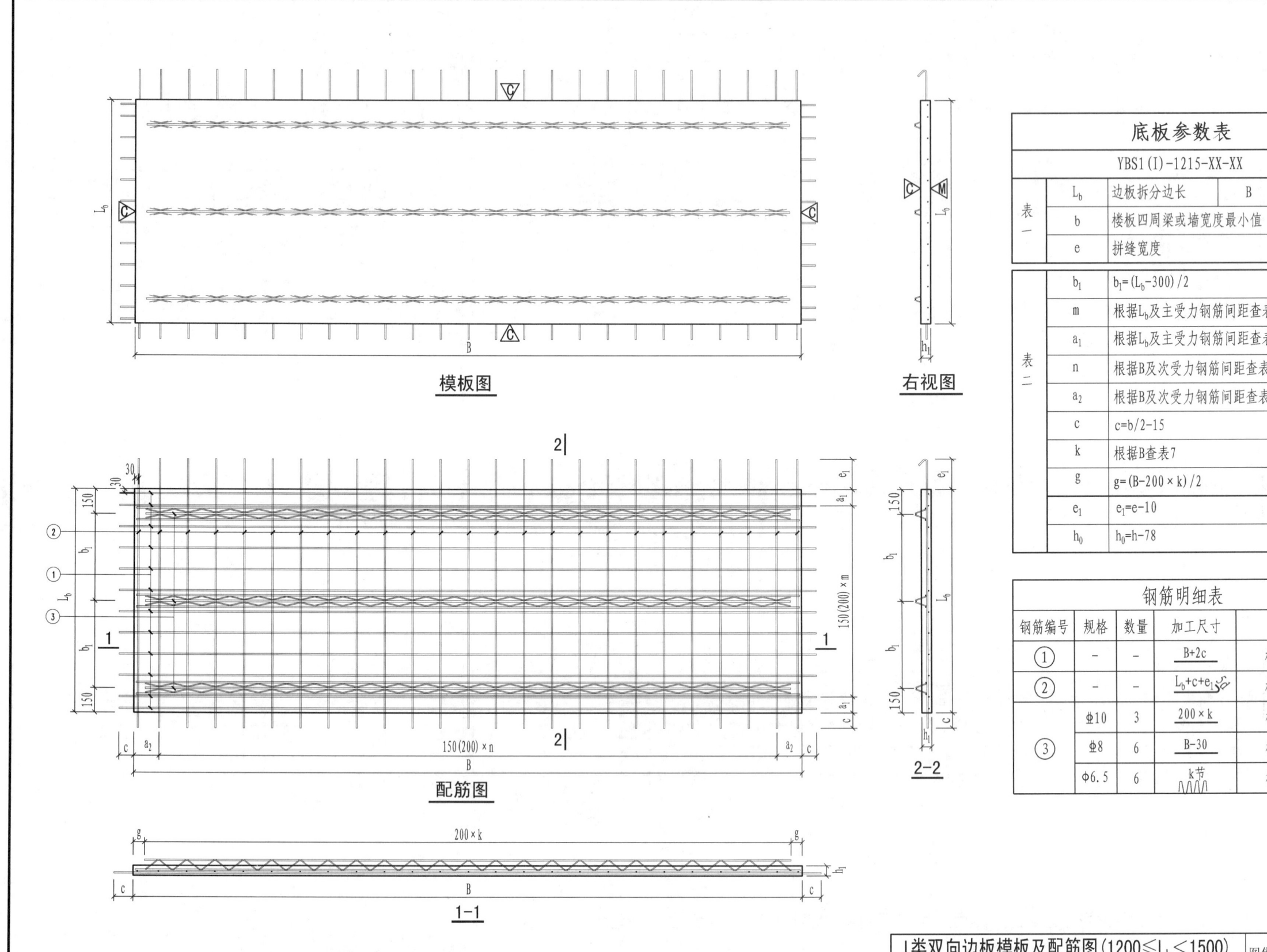

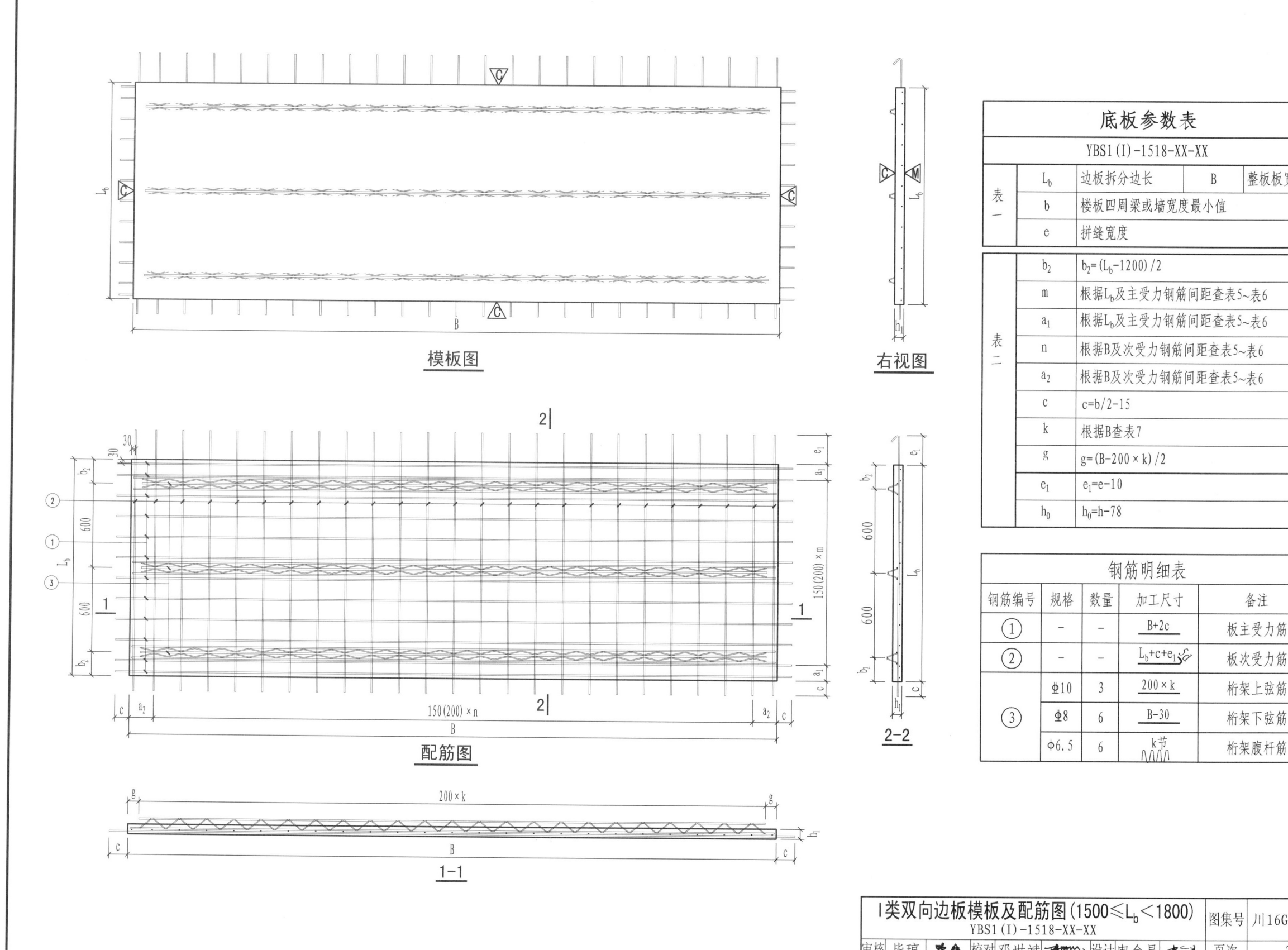

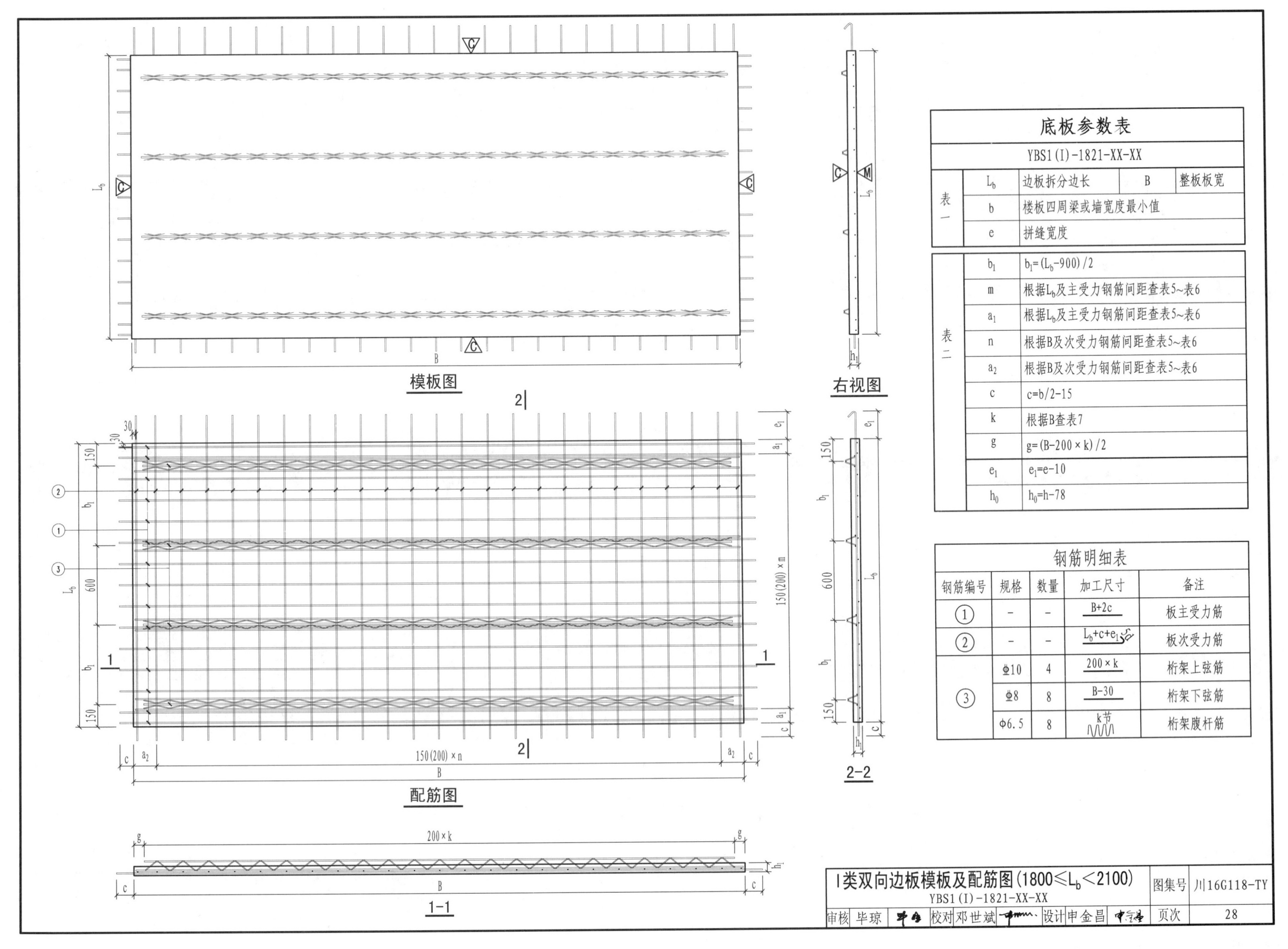

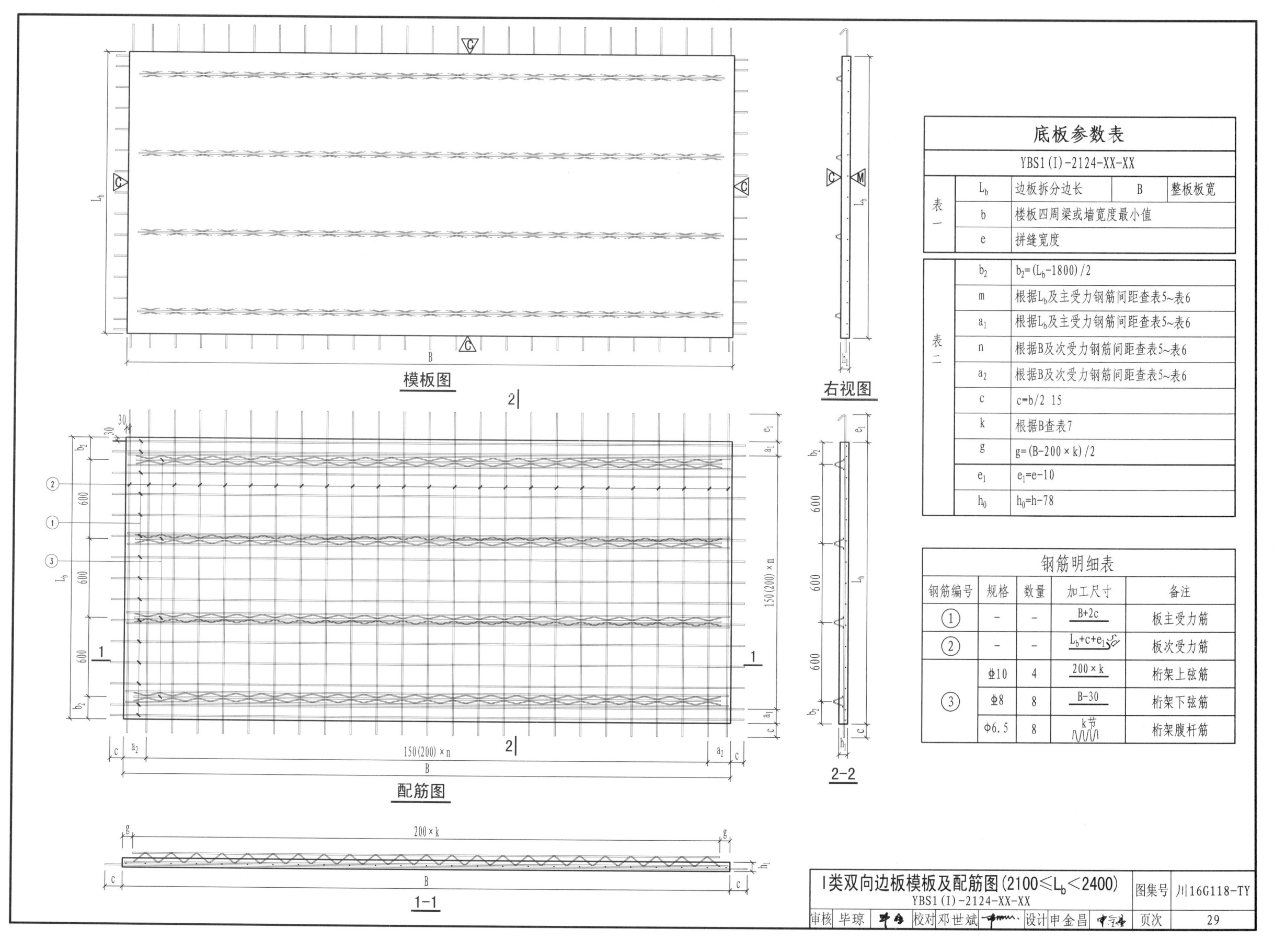

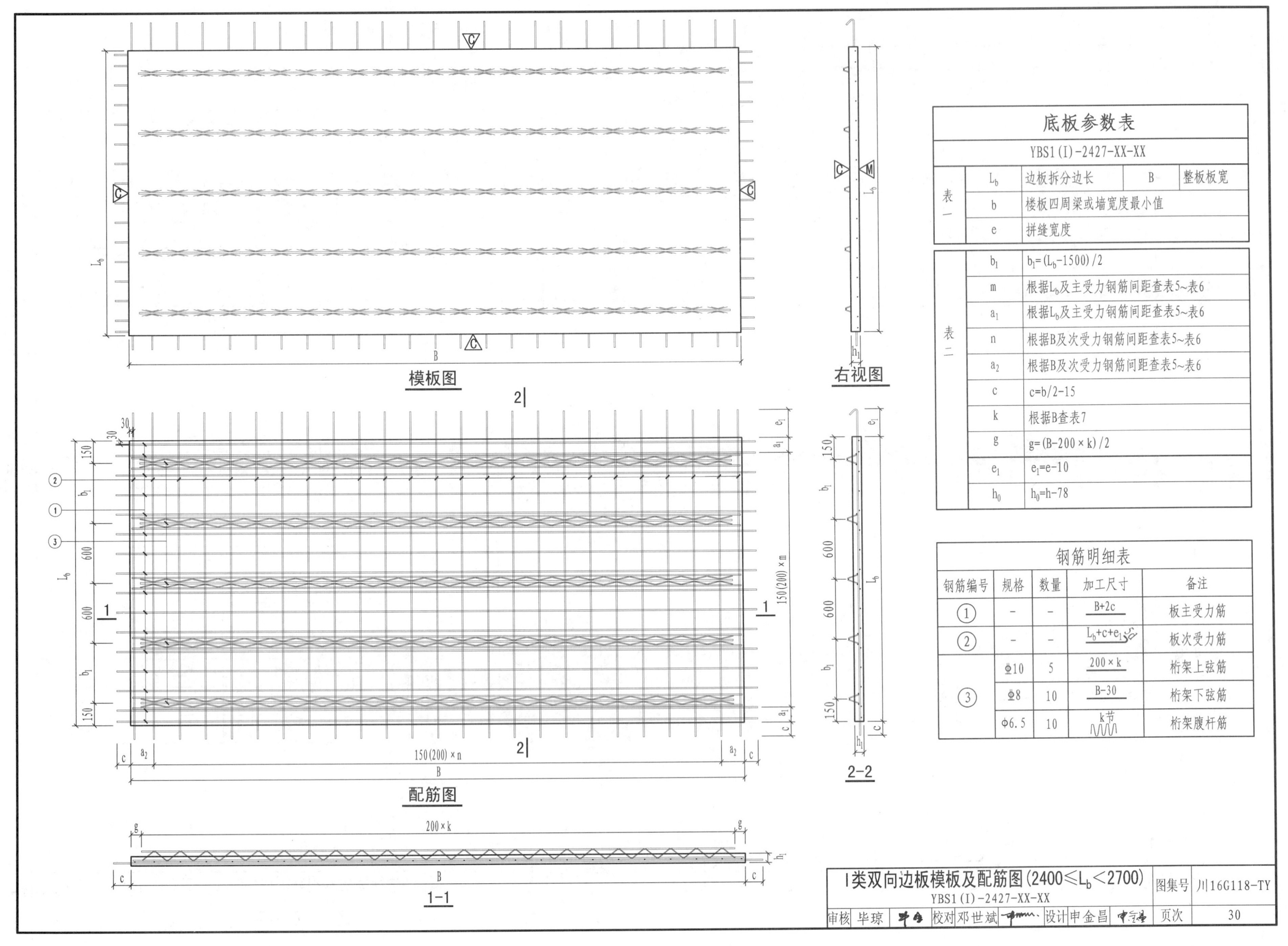

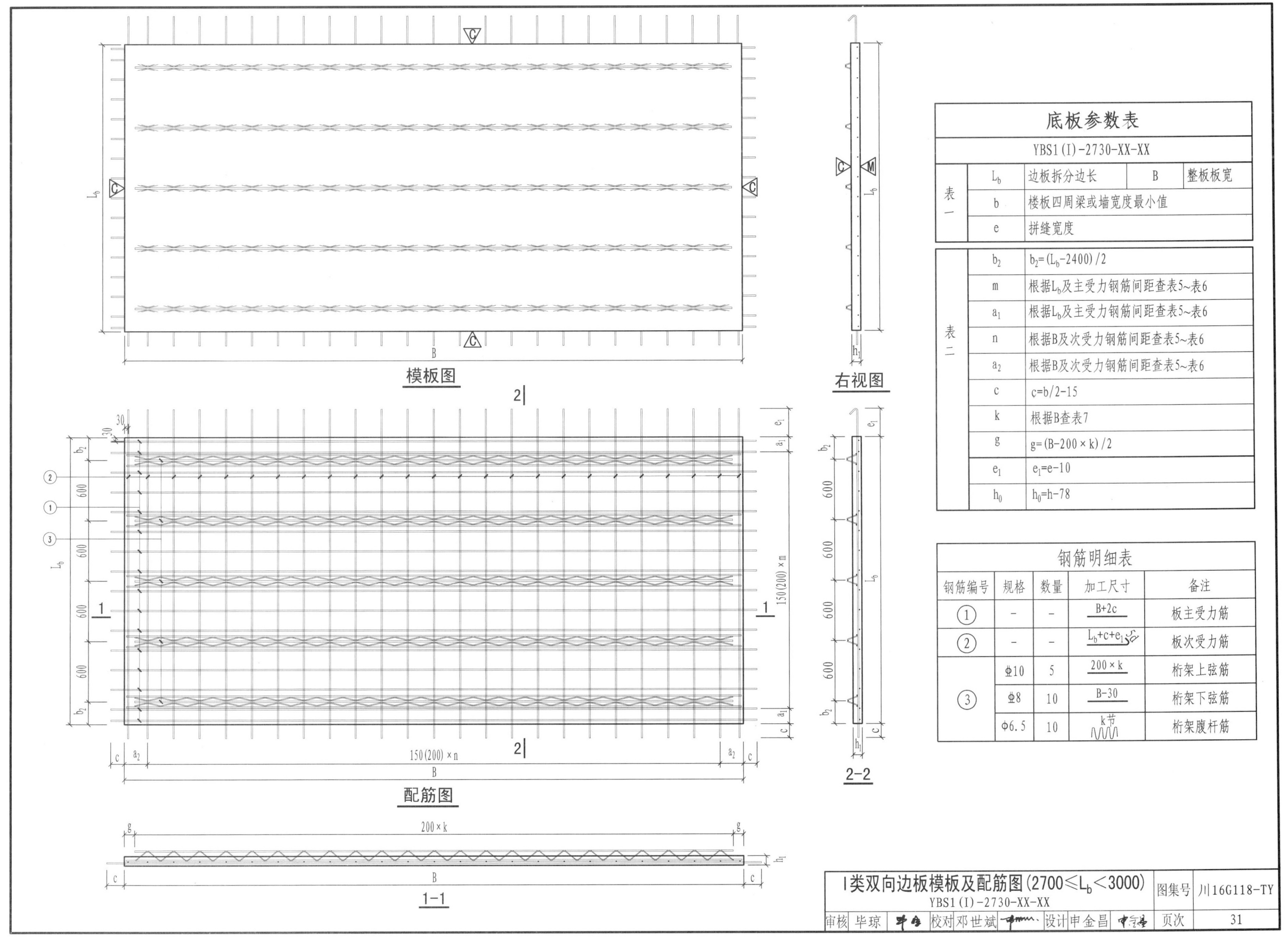

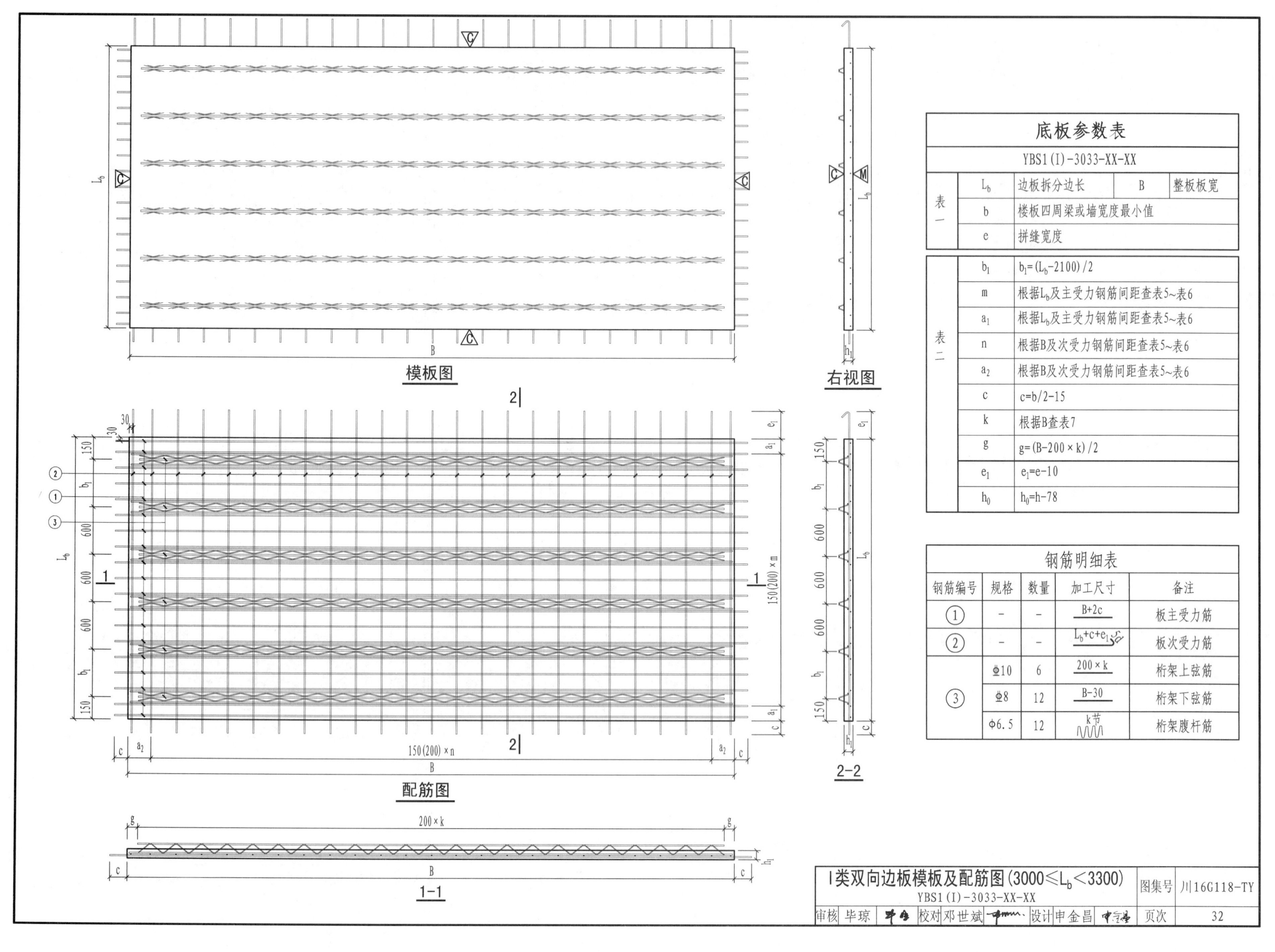

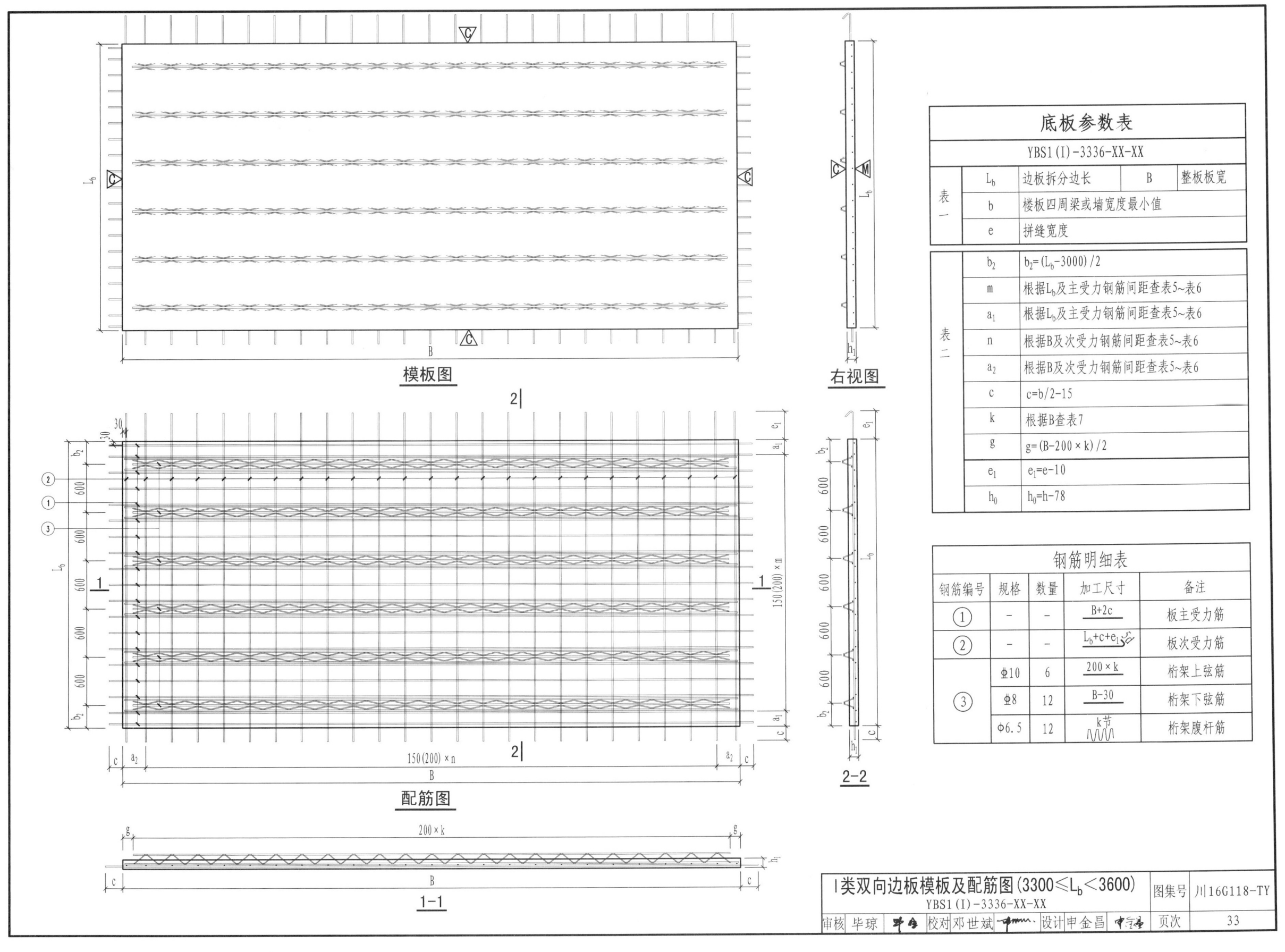

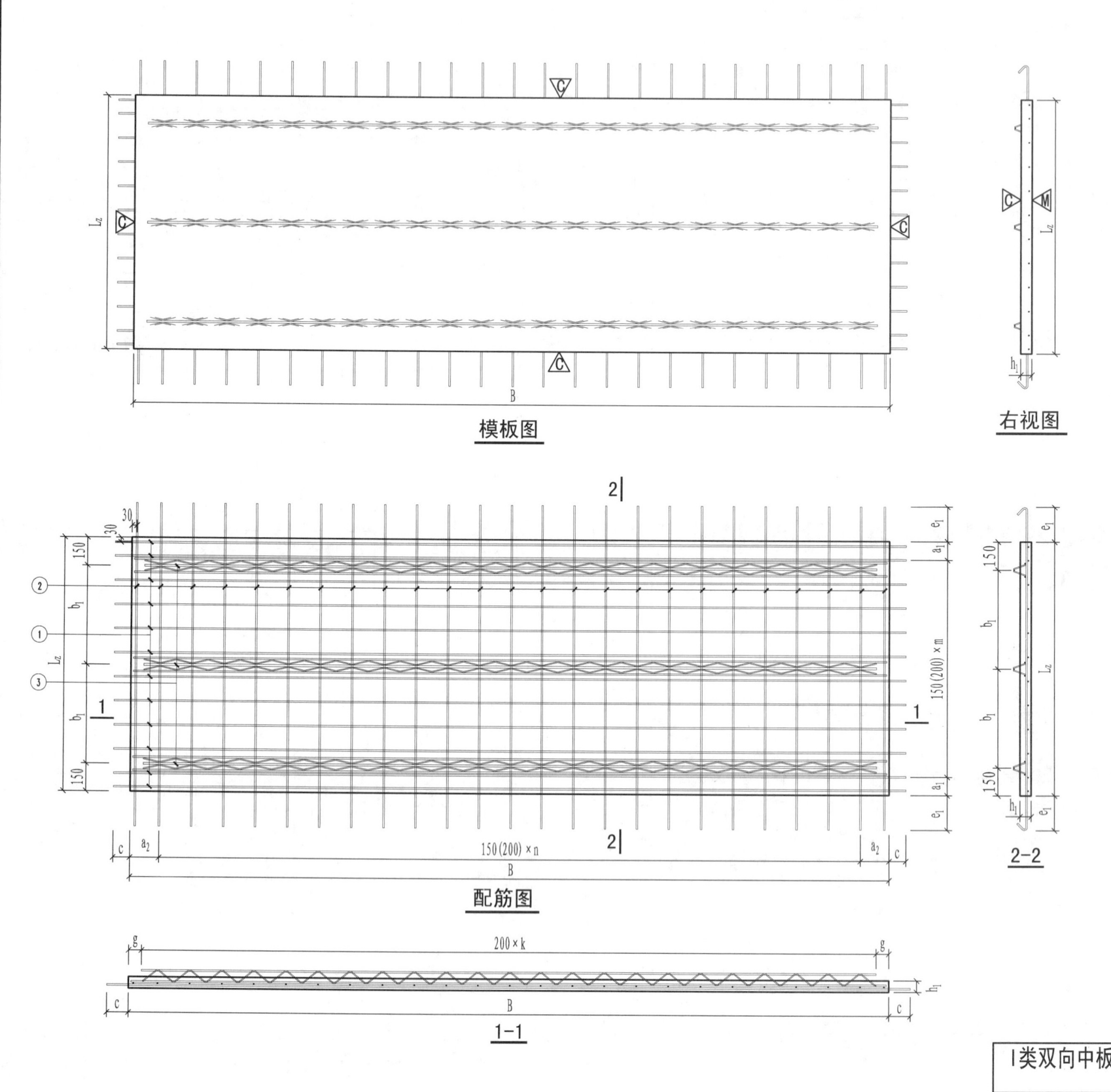

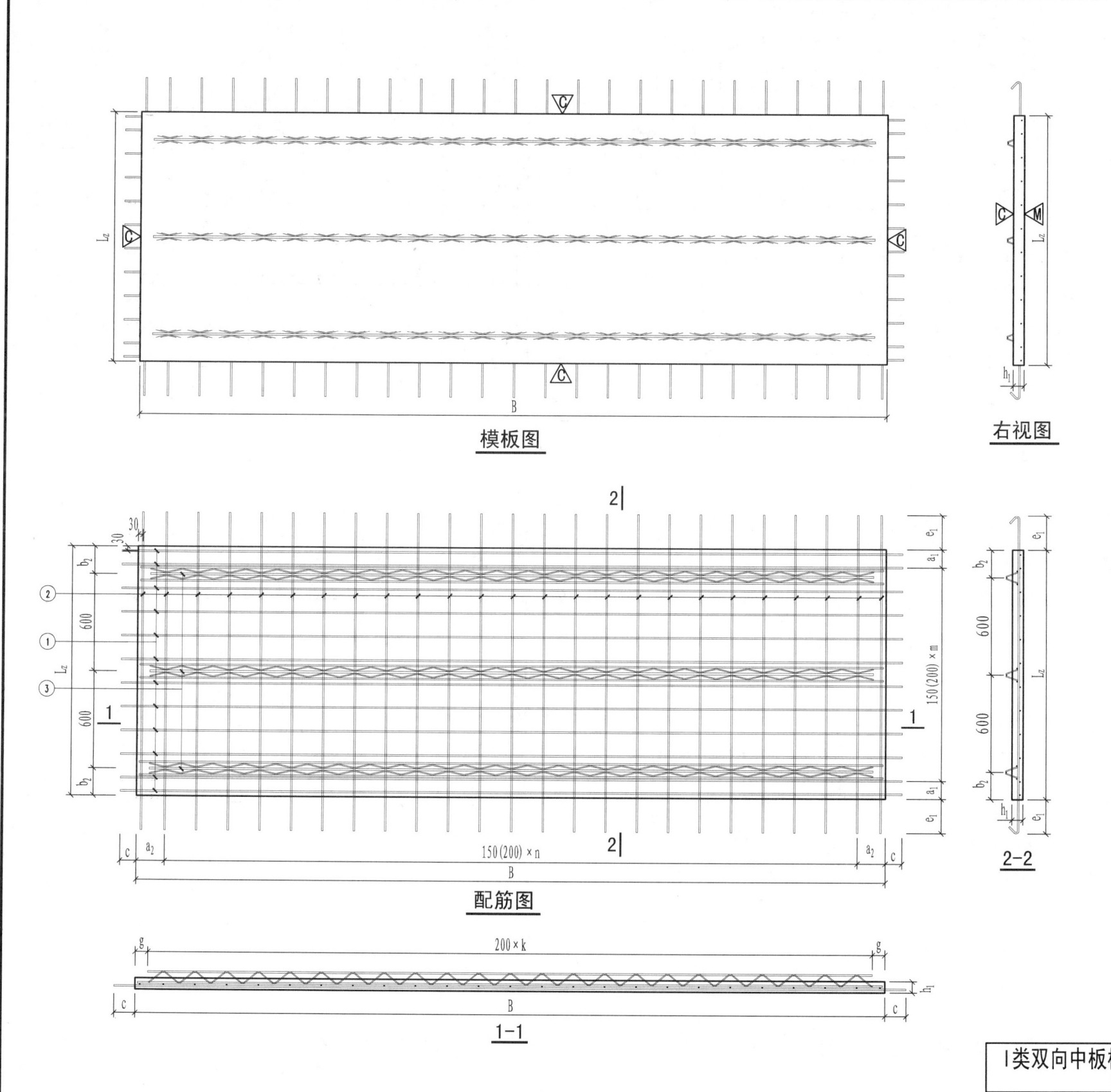

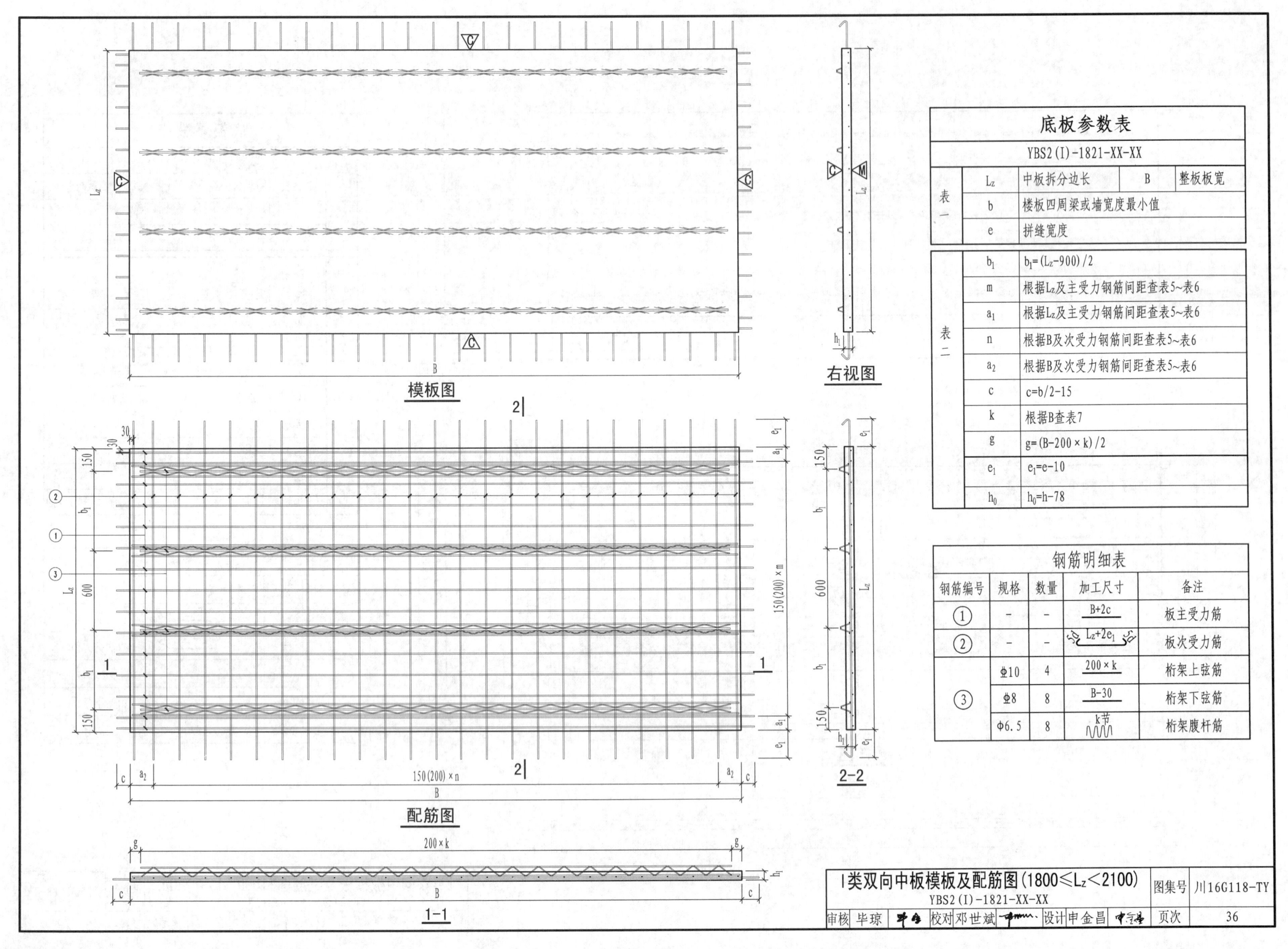

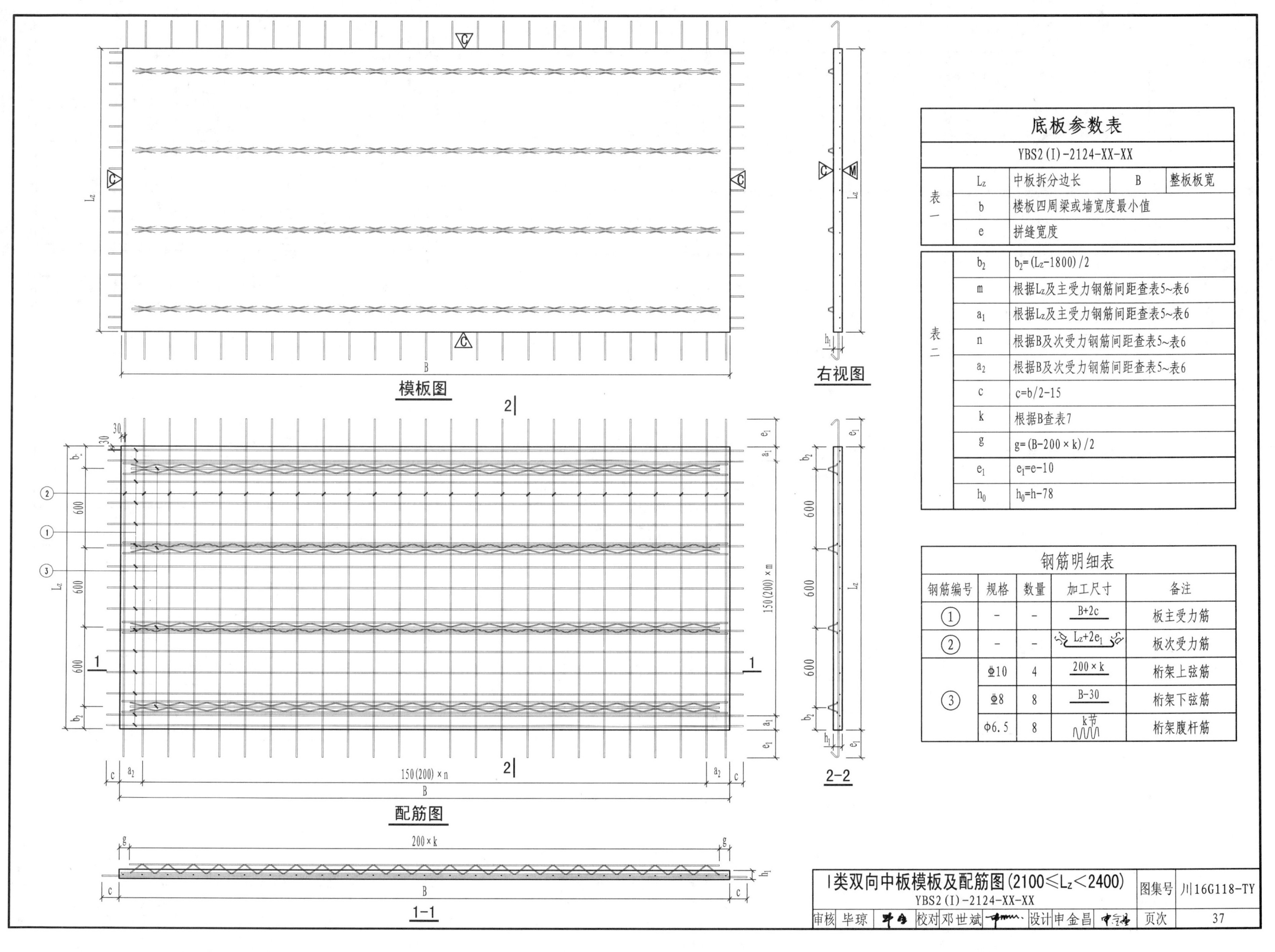

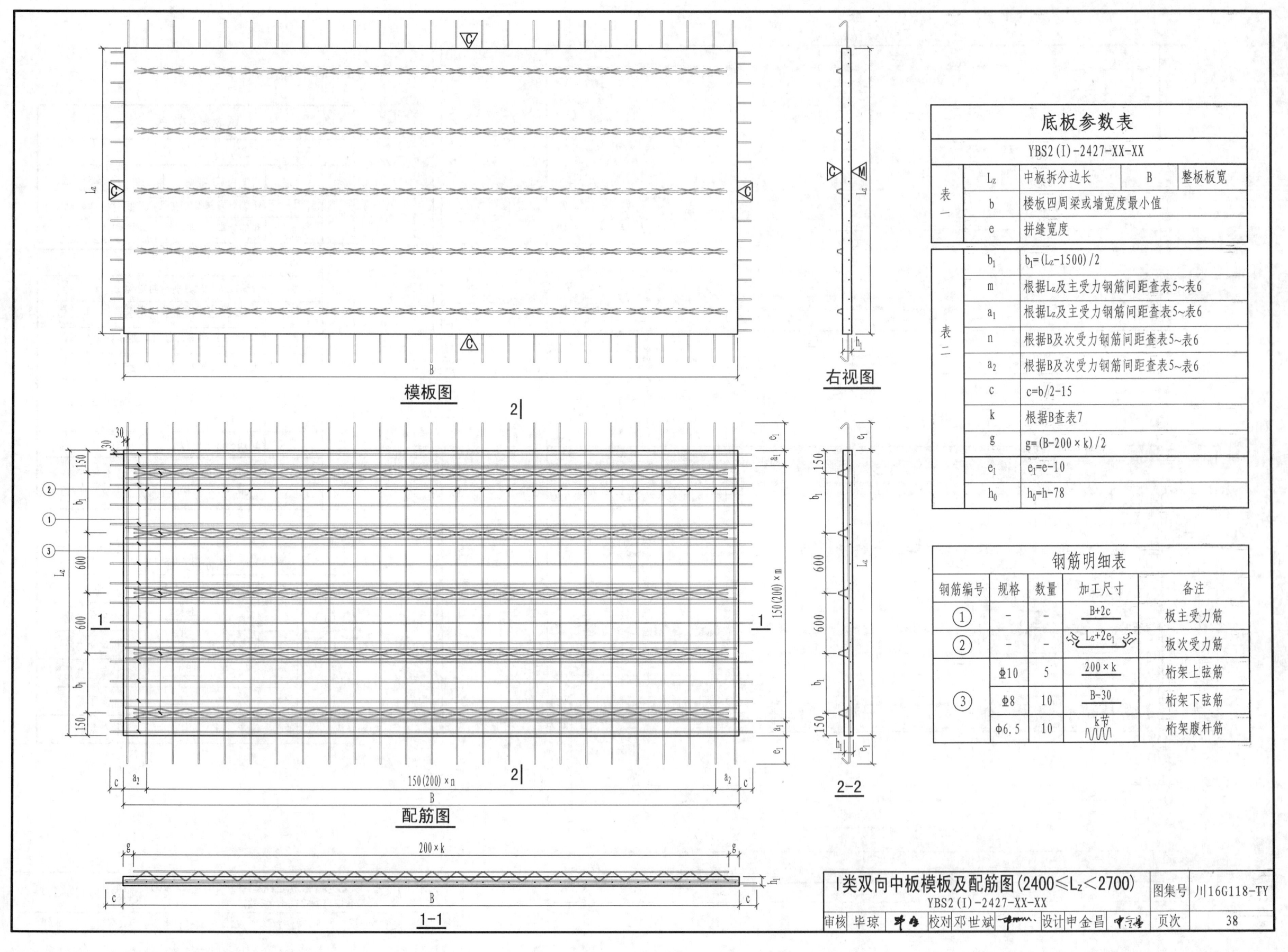

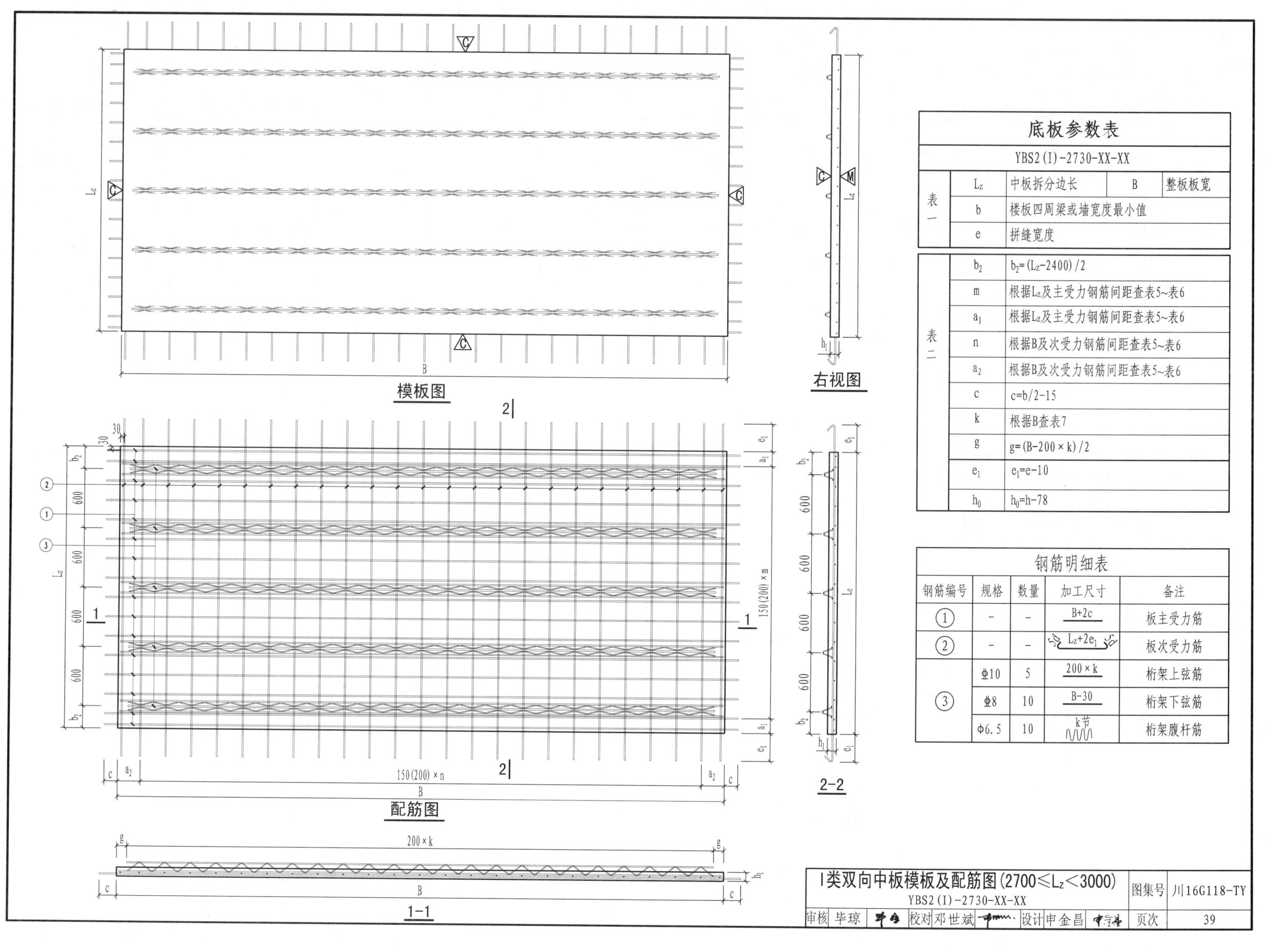

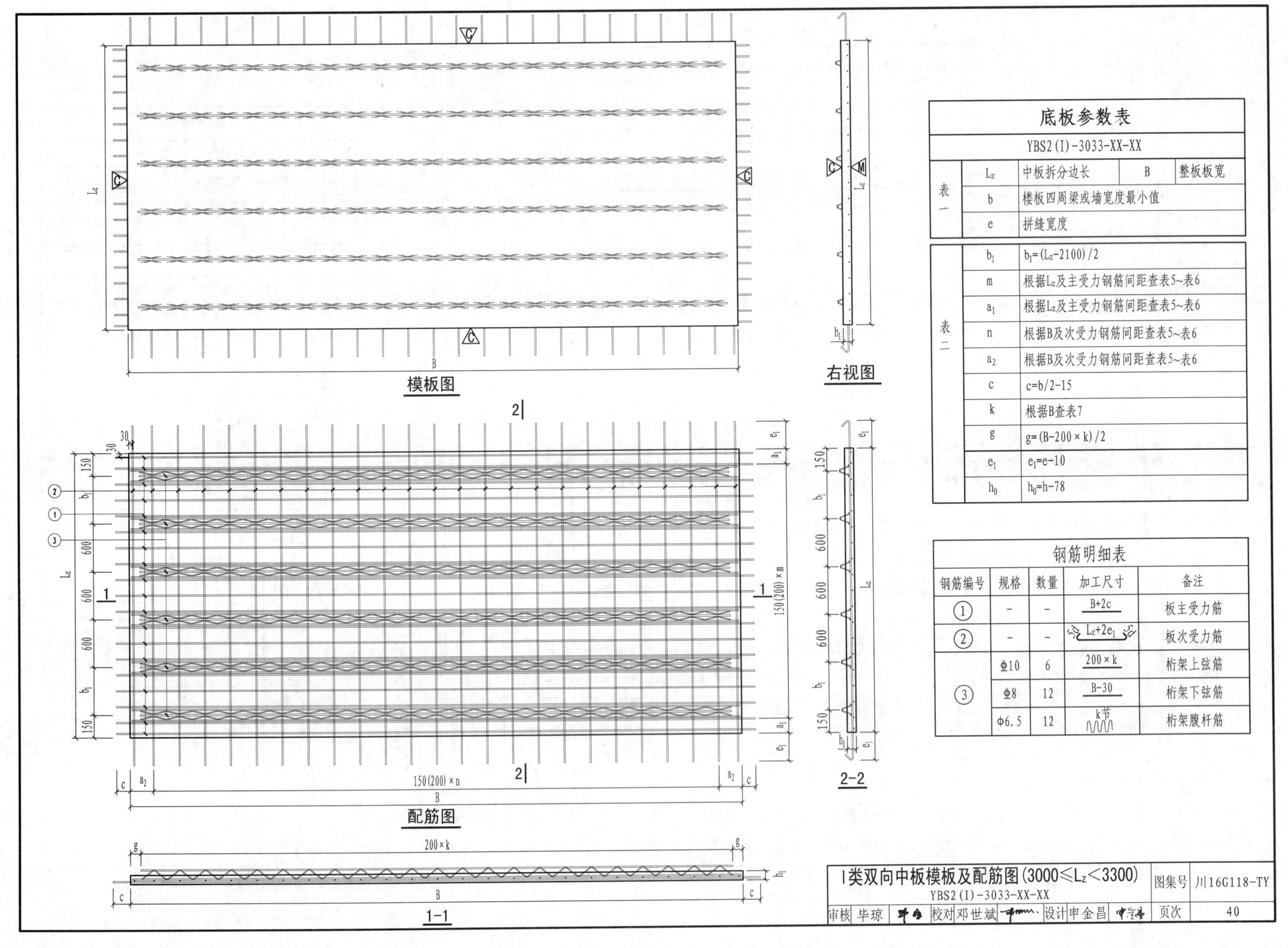

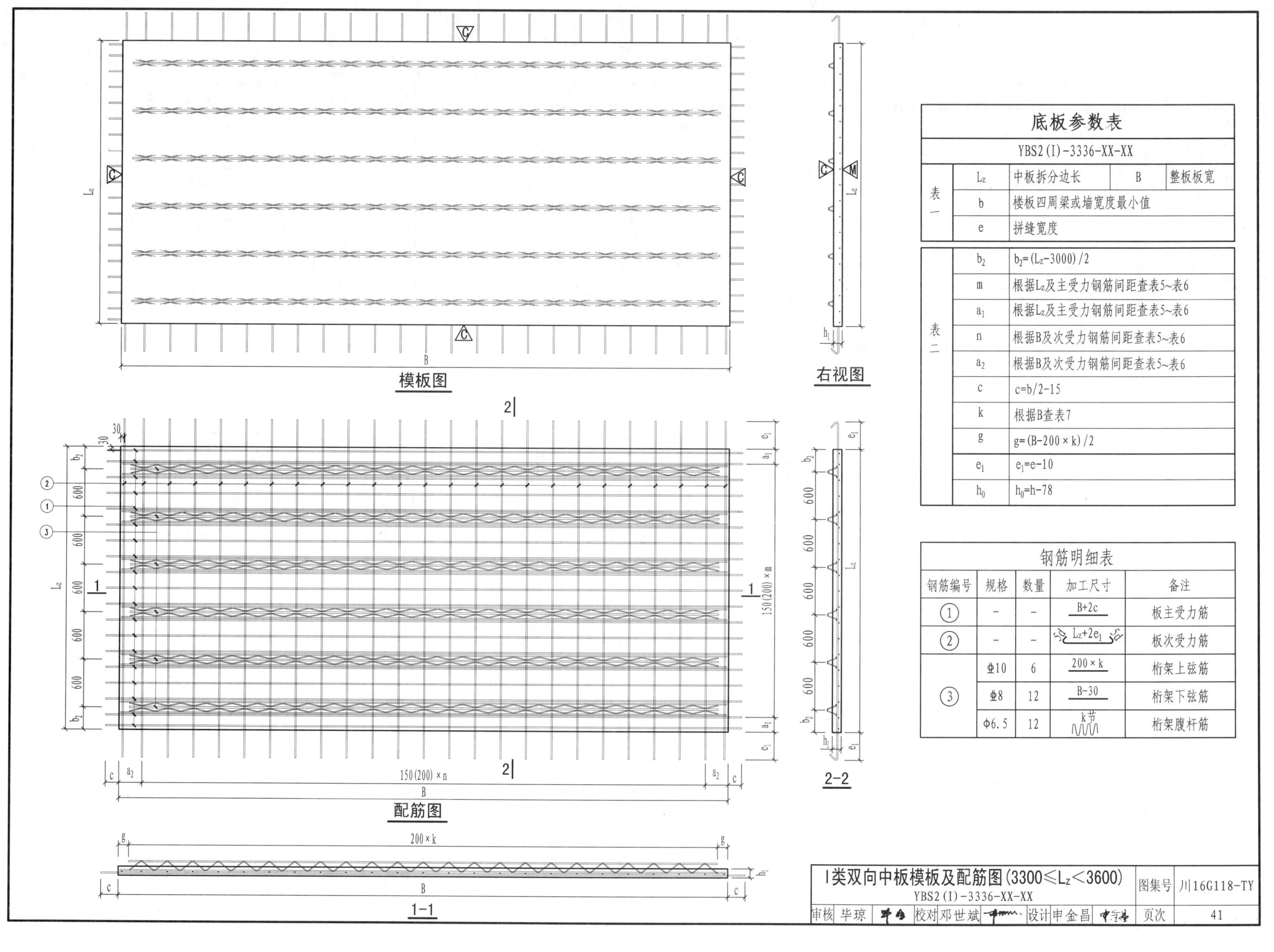

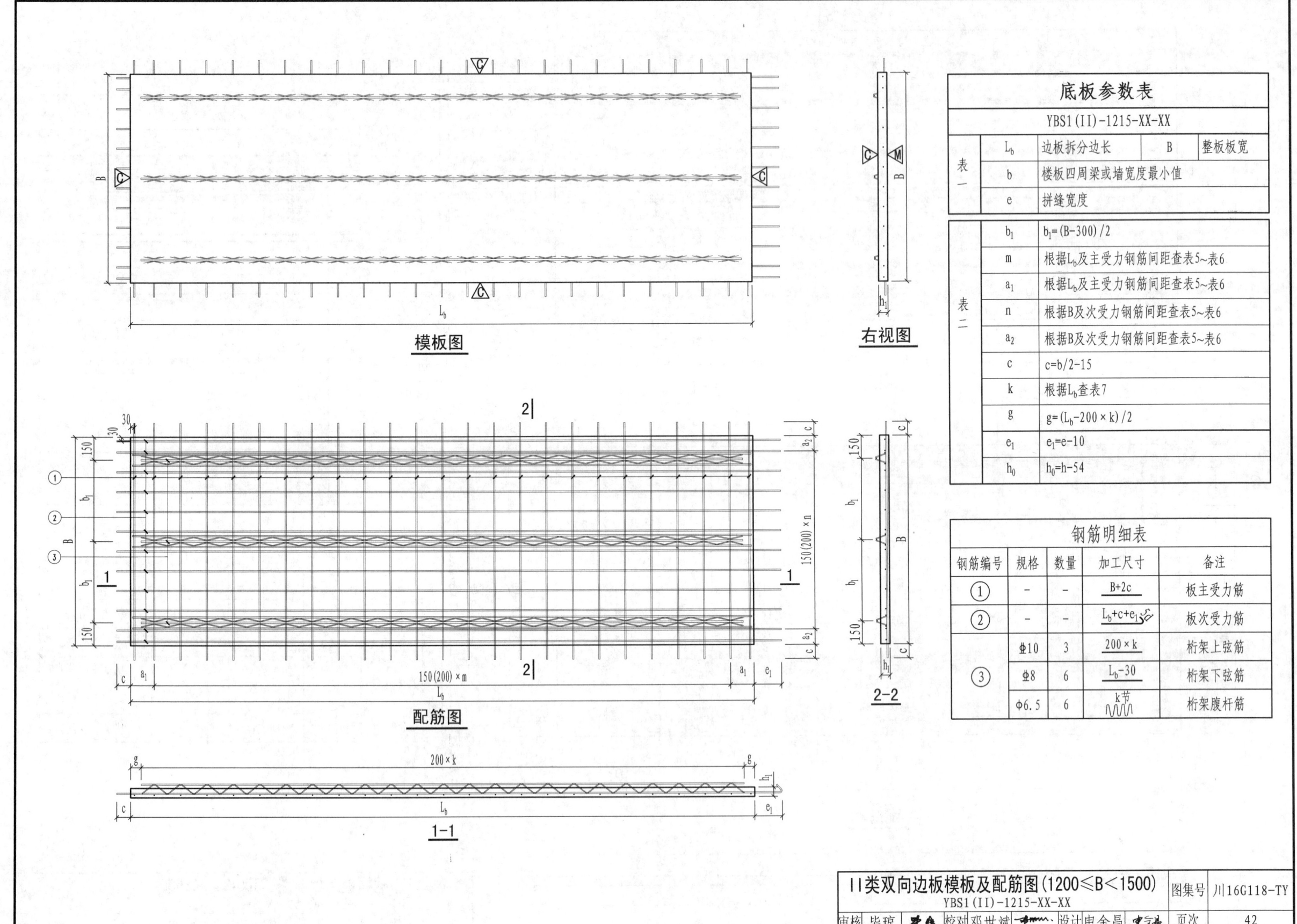

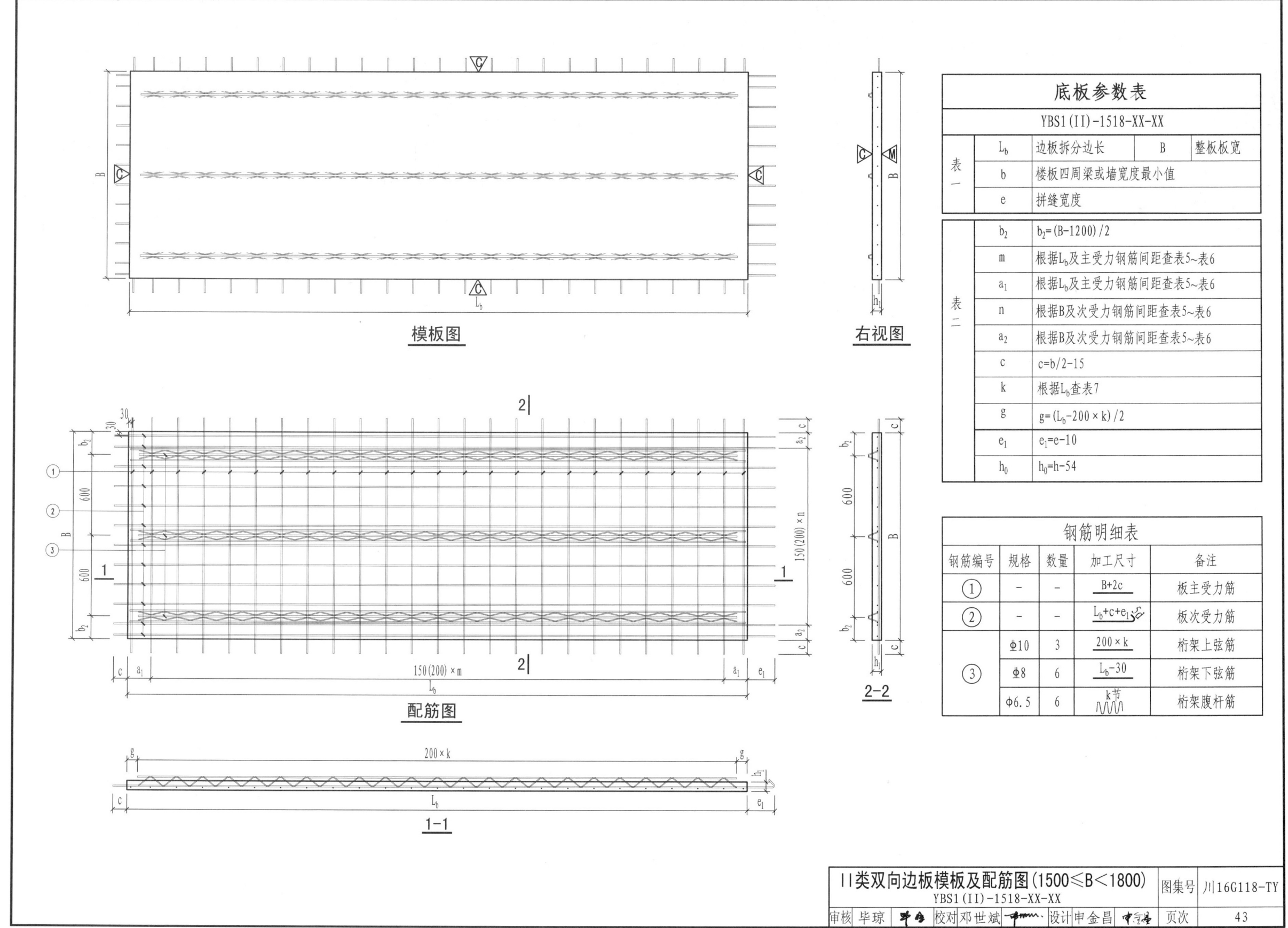

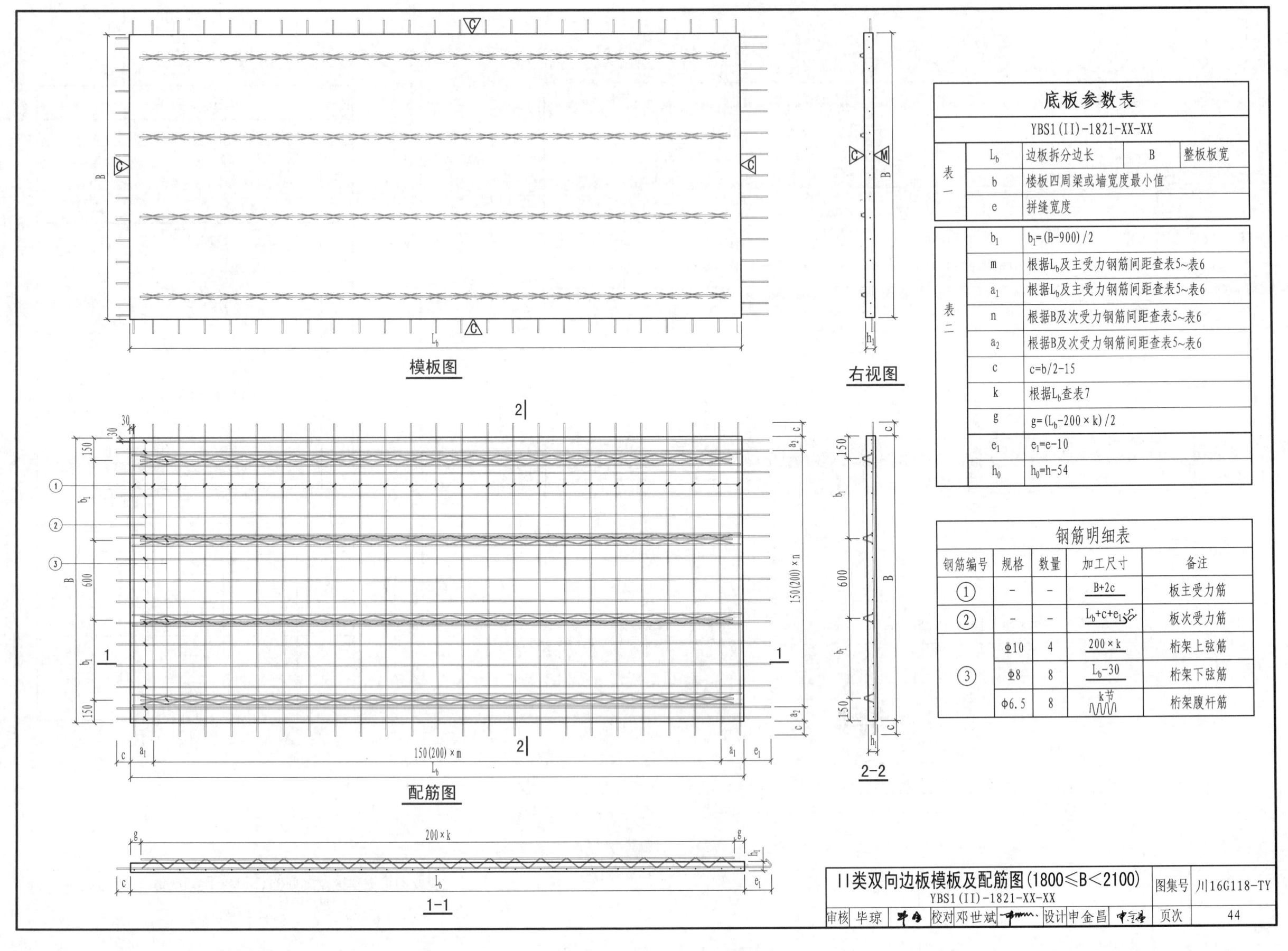

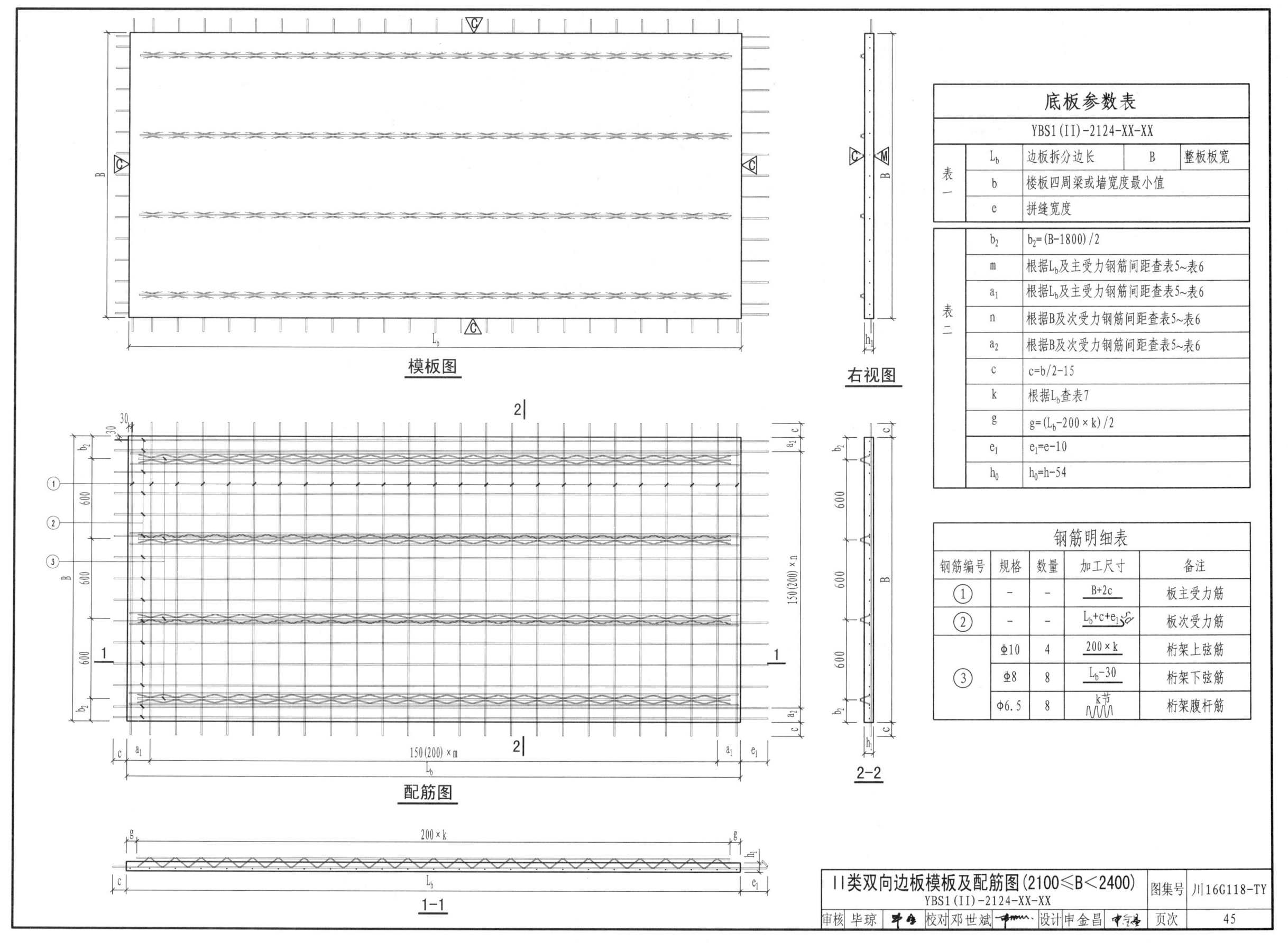

II类双向边板模板及配筋图（2100≤B＜2400） YBS1(II)-2124-XX-XX

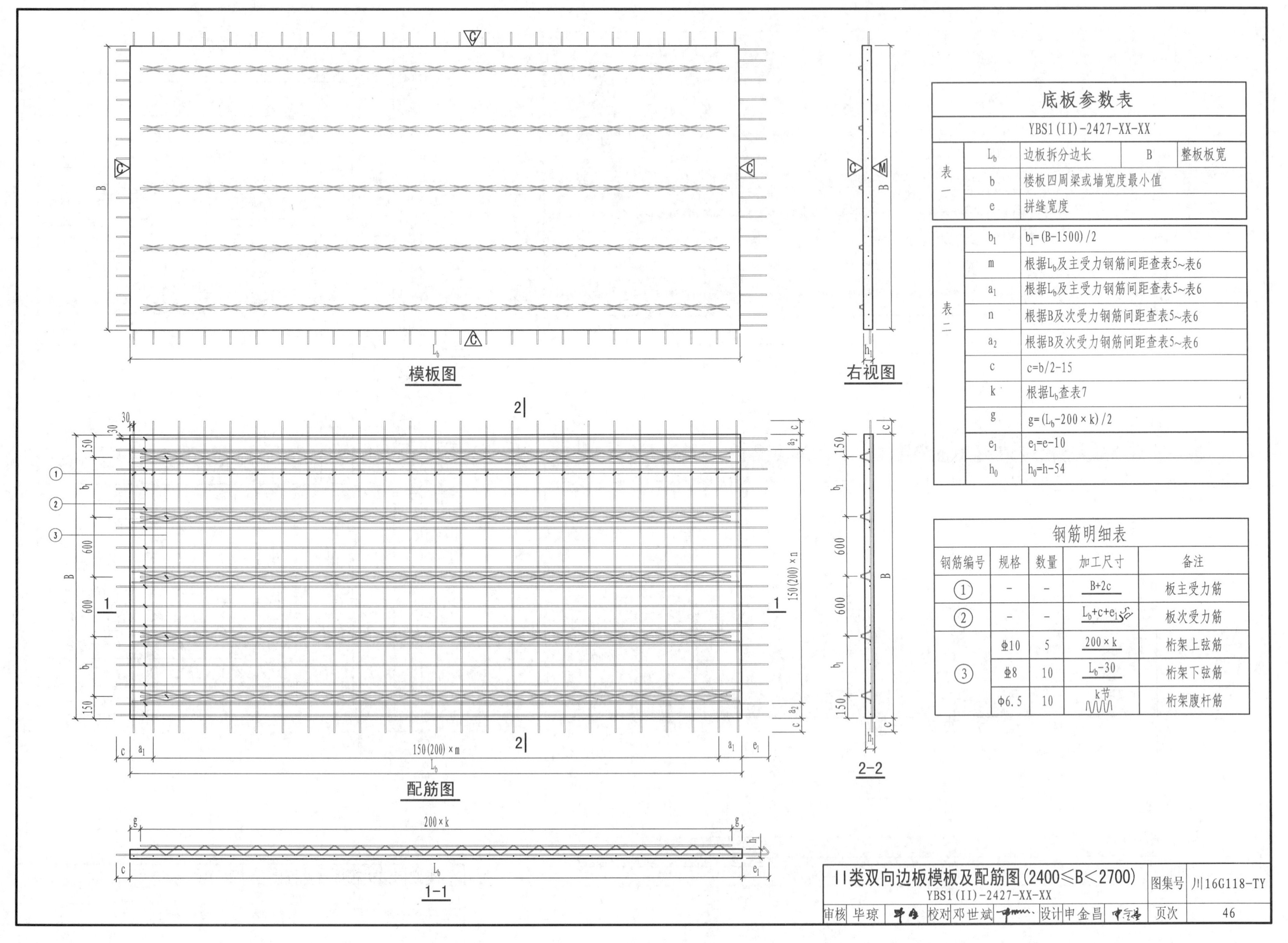

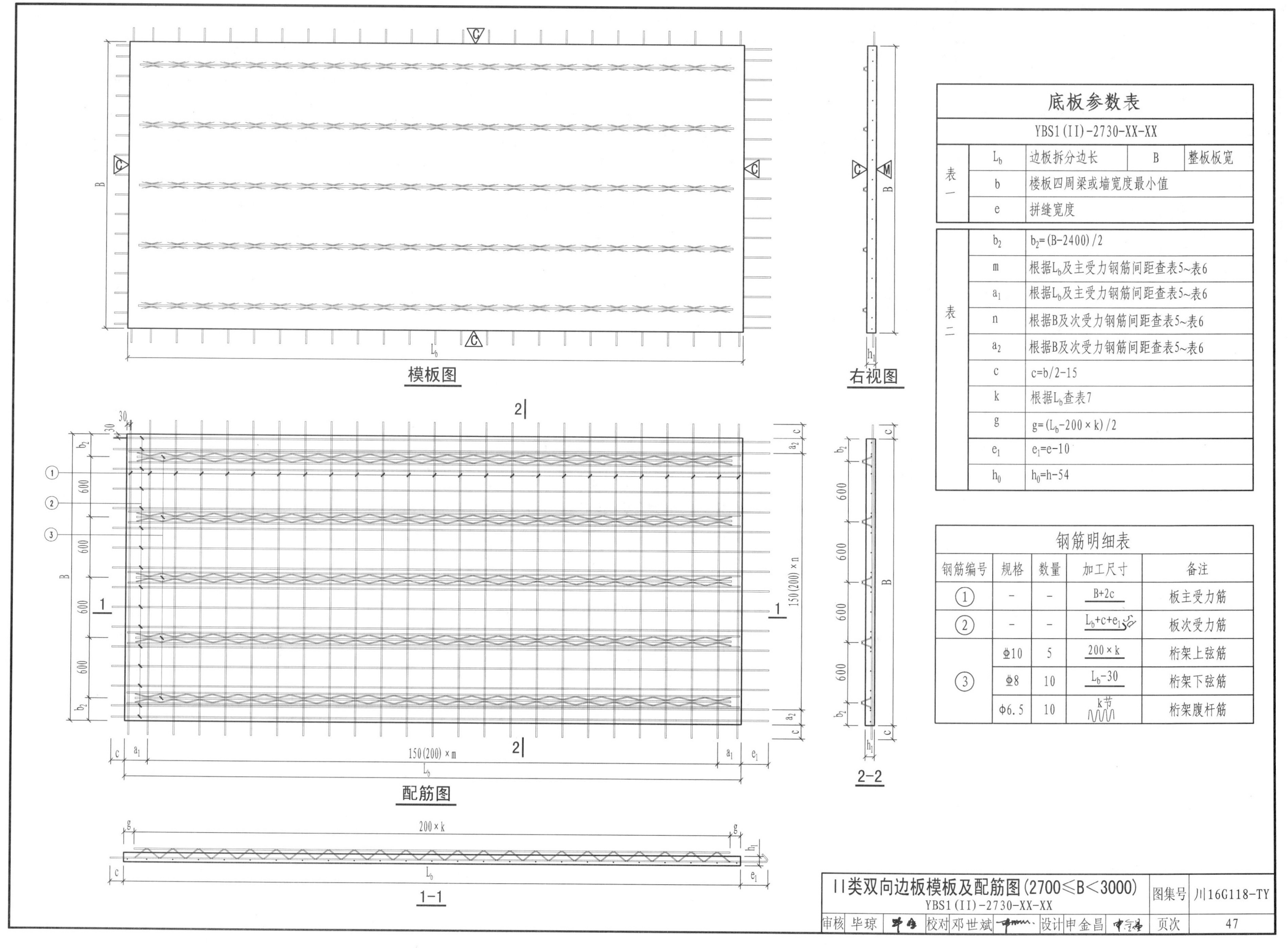

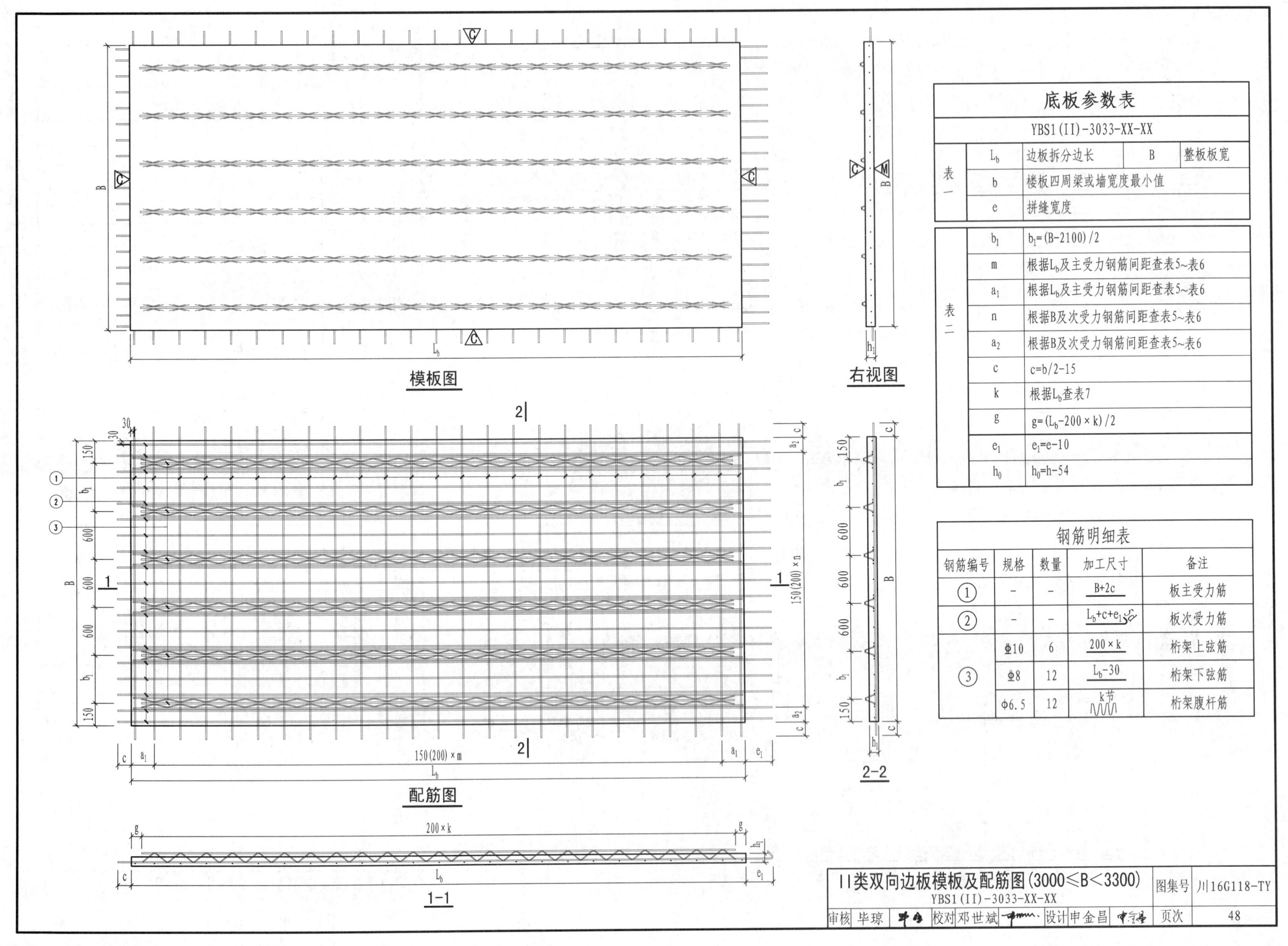

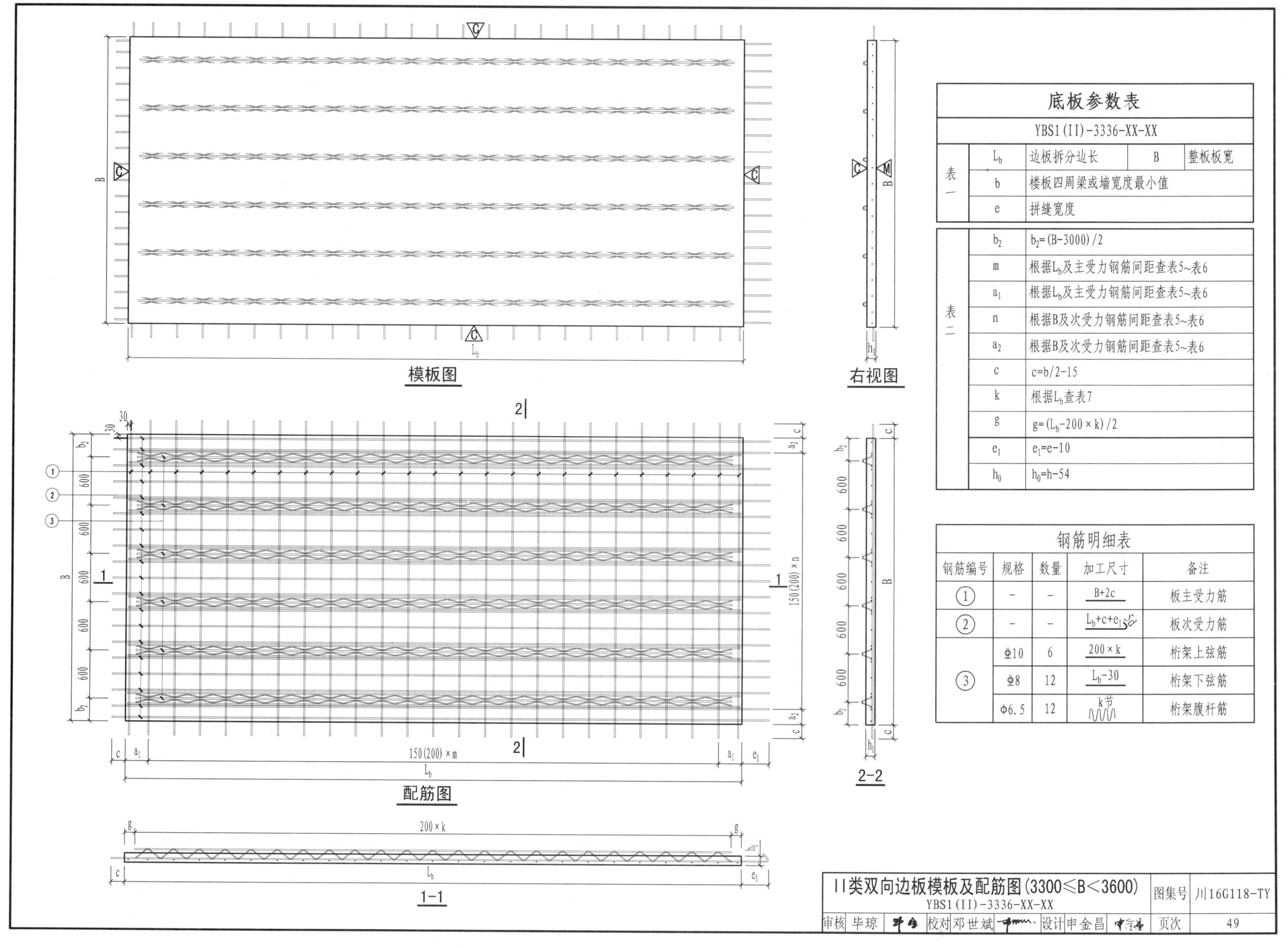

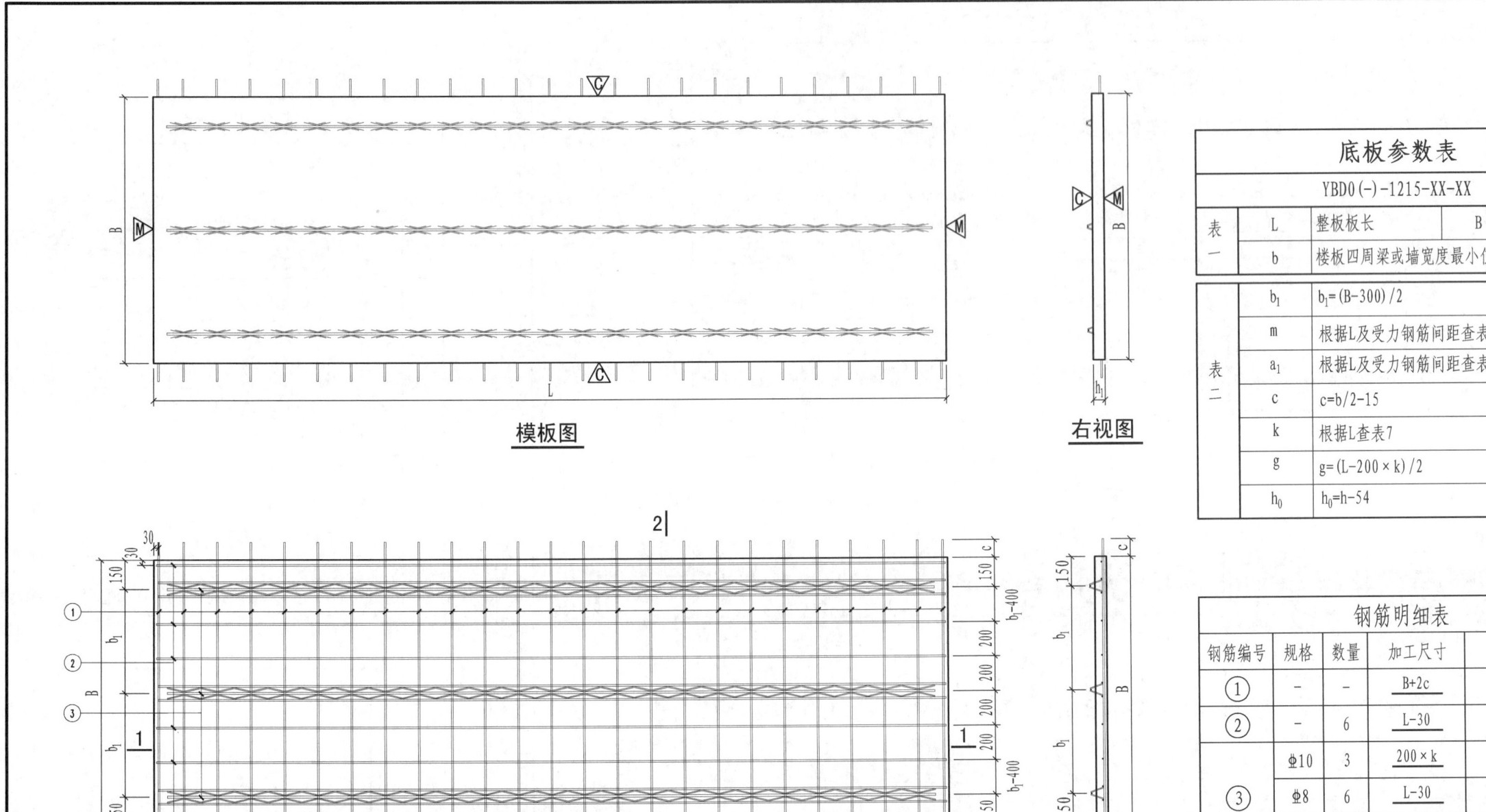

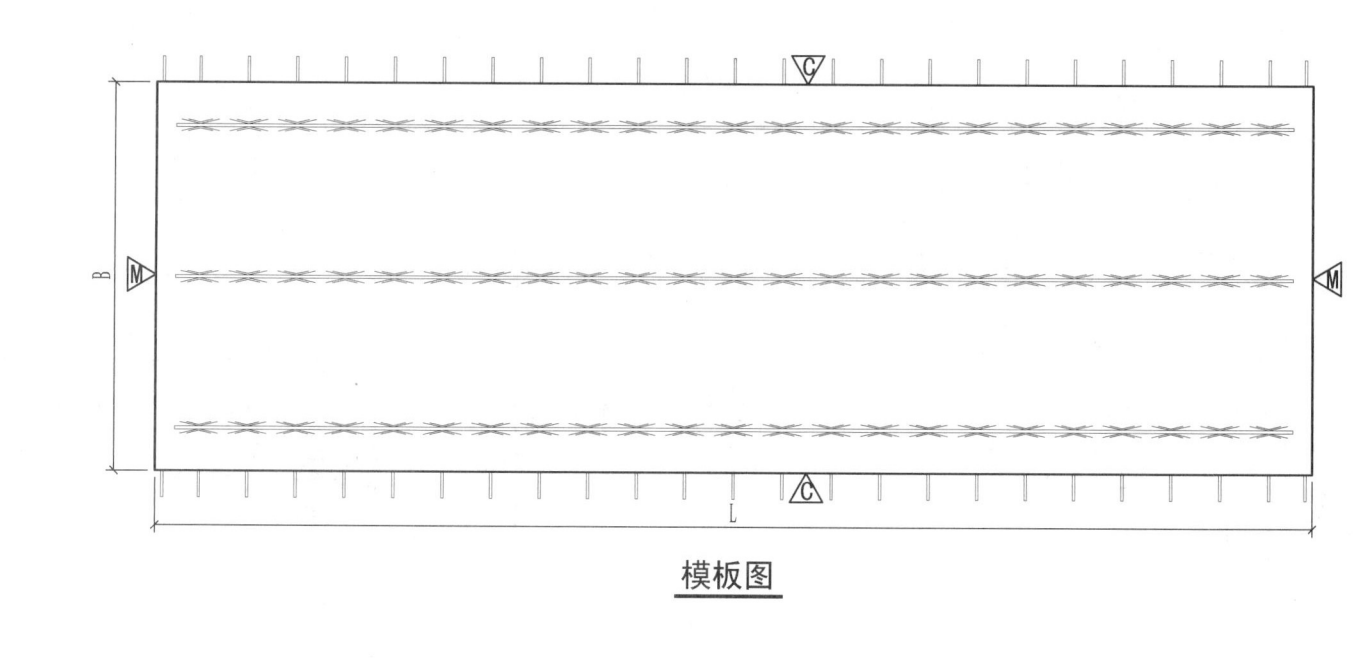

模板图

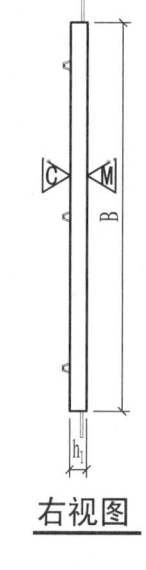

右视图

底板参数表

YBD0( ) 1518 XX XX		
表一	L	整板板长
	B	整板板宽
	b	楼板四周梁或墙宽度最小值
表二	b_2	$b_2=(B-1200)/2$
	m	根据L及受力钢筋间距查表5~表6
	a_1	根据L及受力钢筋间距查表5~表6
	c	$c=b/2-15$
	k	根据L查表7
	g	$g=(L-200\times k)/2$
	h_0	$h_0=h-54$

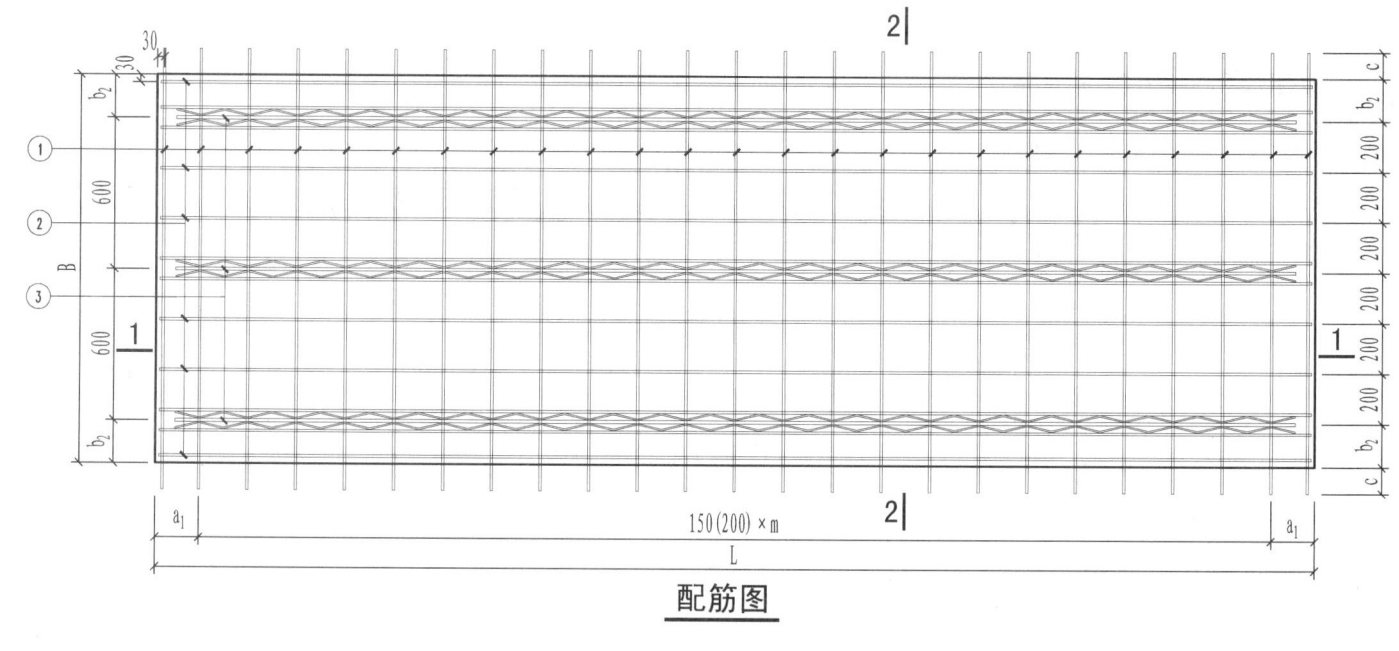

配筋图

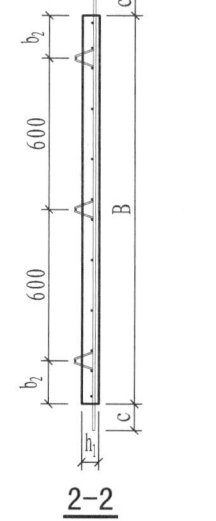

2-2

钢筋明细表

钢筋编号	规格	数量	加工尺寸	备注
①	-	-	B+2c	板受力钢筋
②	-	6	L-30	板分布钢筋
③	Φ10	3	200×k	桁架上弦筋
	Φ8	6	L-30	桁架下弦筋
	Φ6.5	6	k节	桁架腹杆筋

1-1

单向整板模板及配筋图（1500≤B＜1800）
YBD0(-)-1518-XX-XX

图集号 川16G118-TY

页次 51

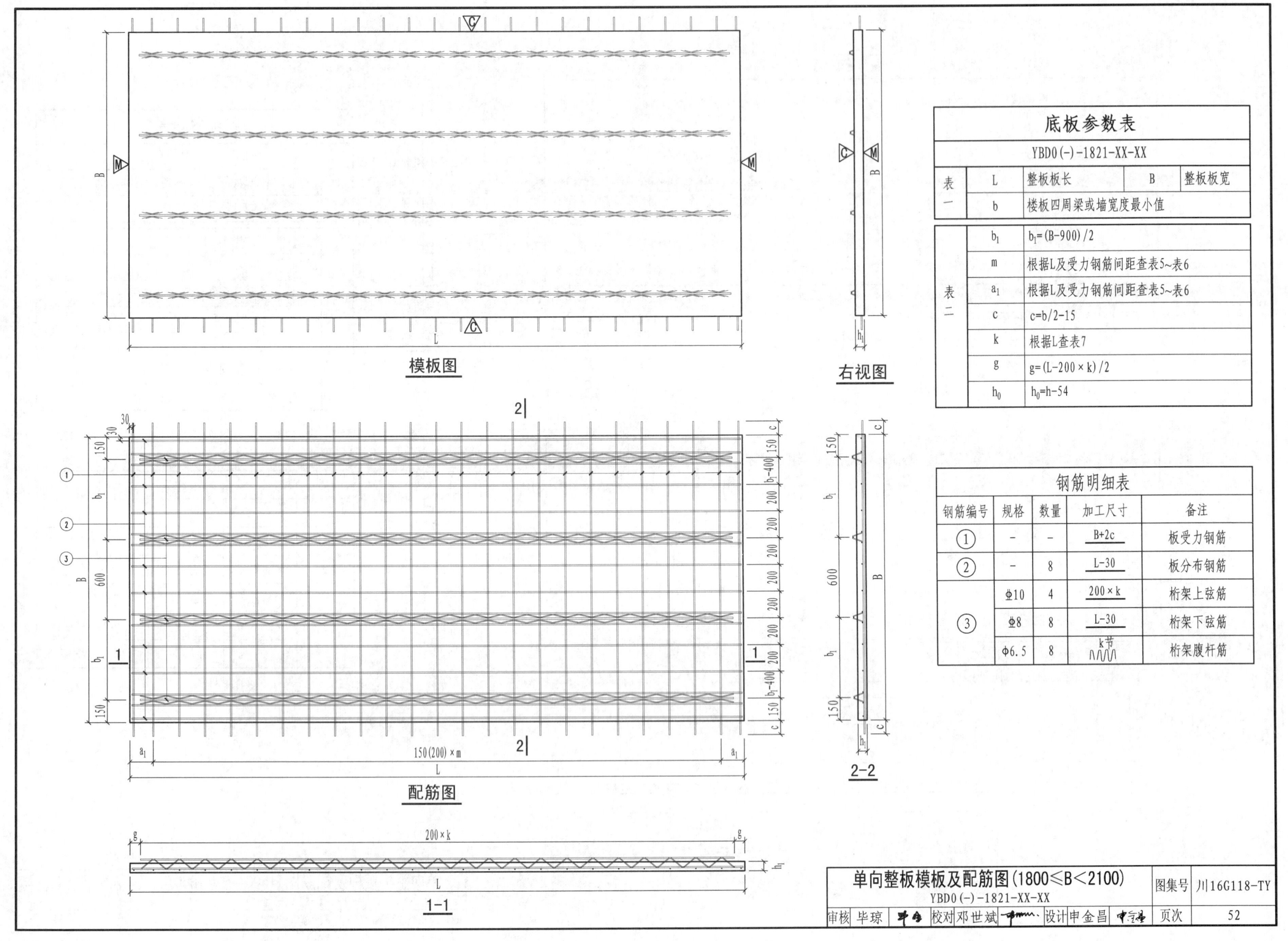

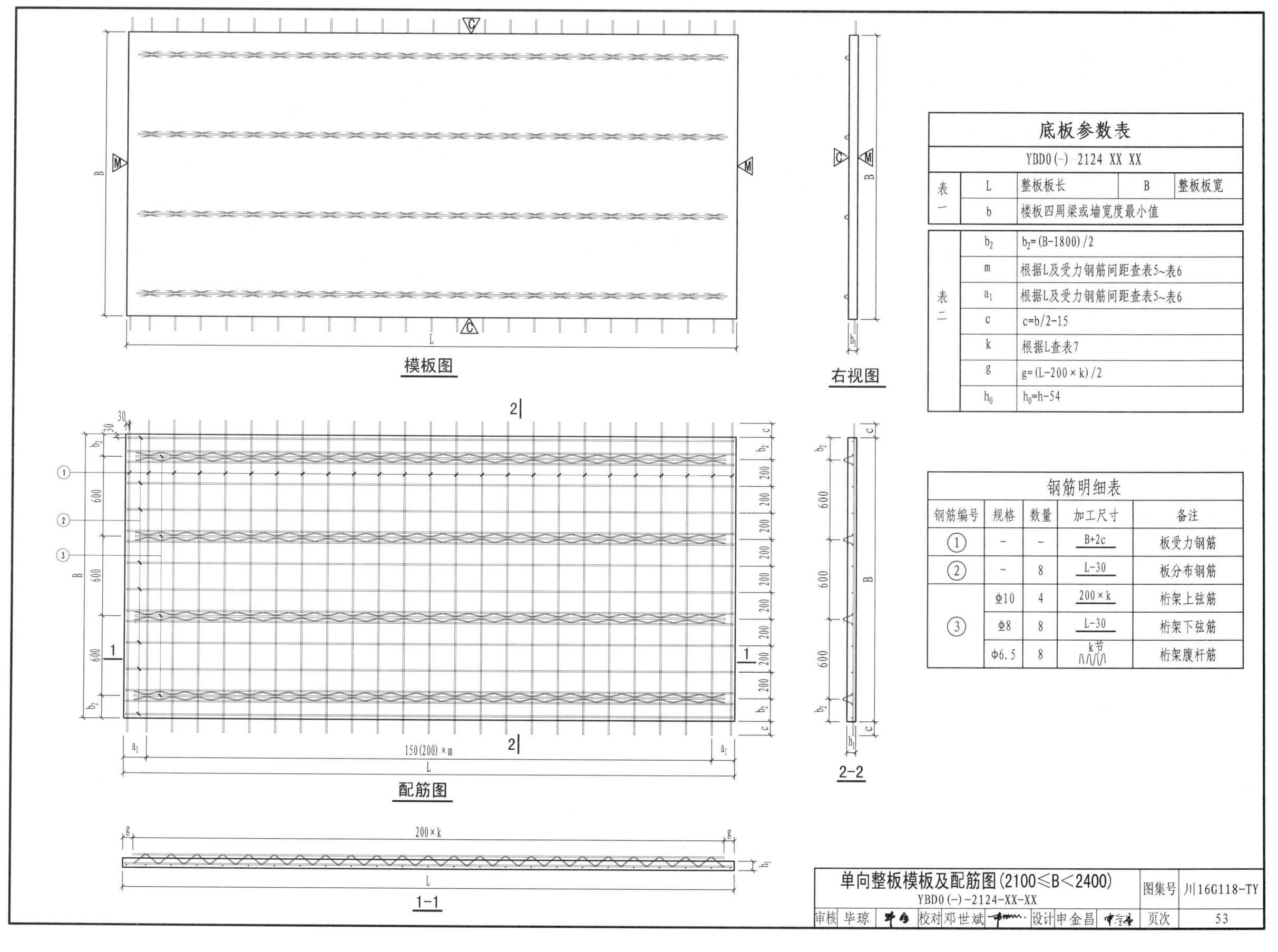

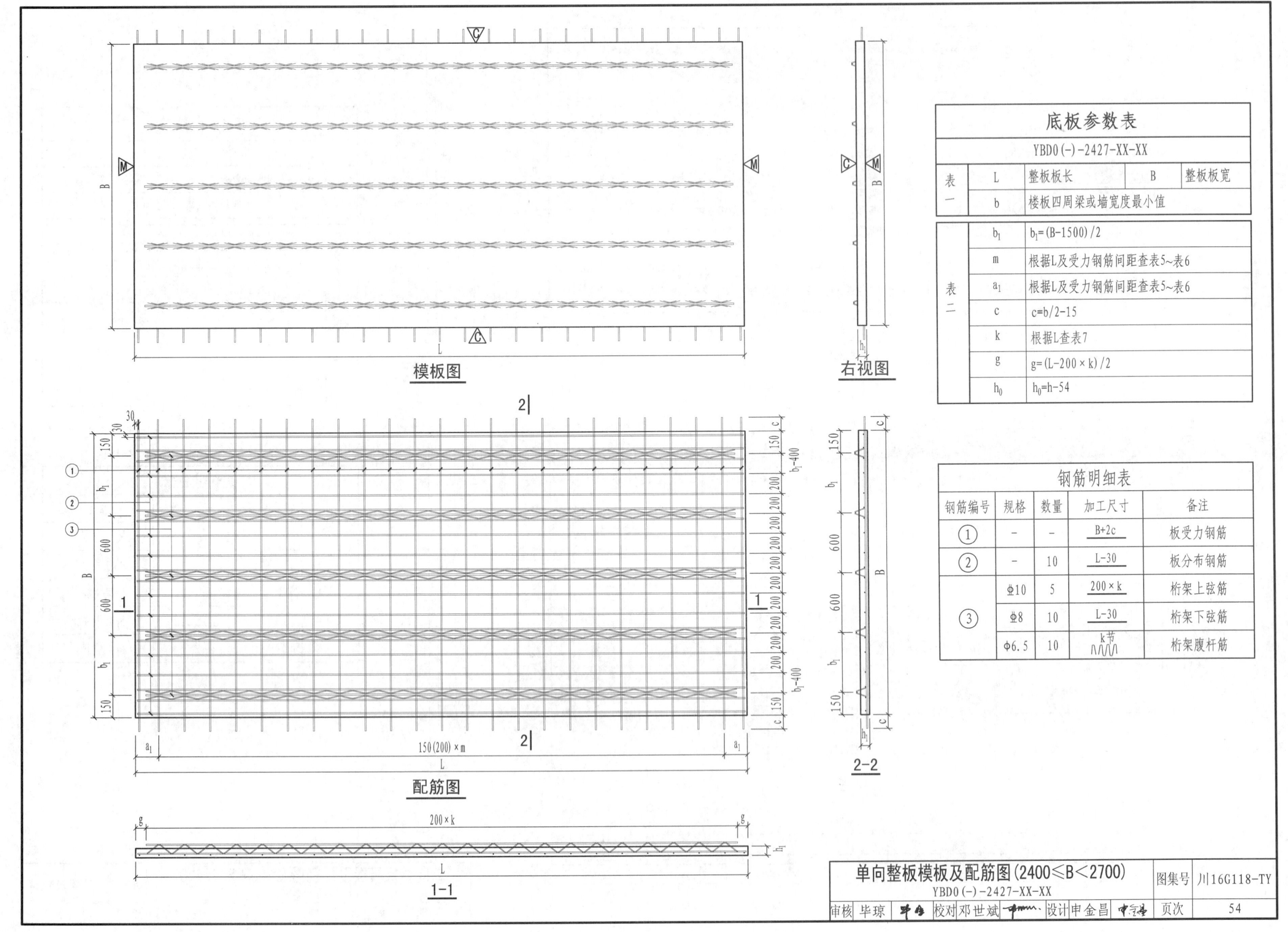

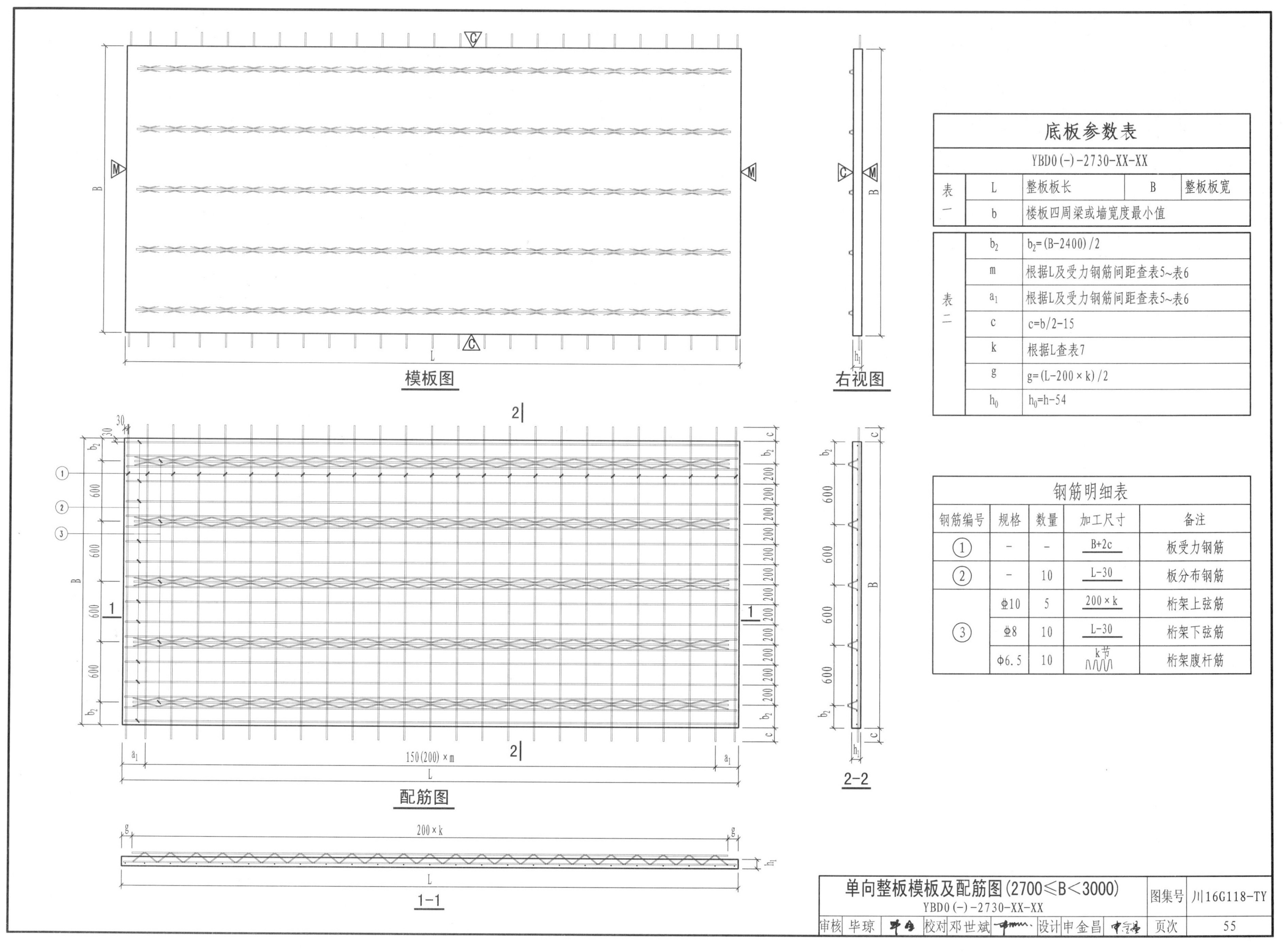

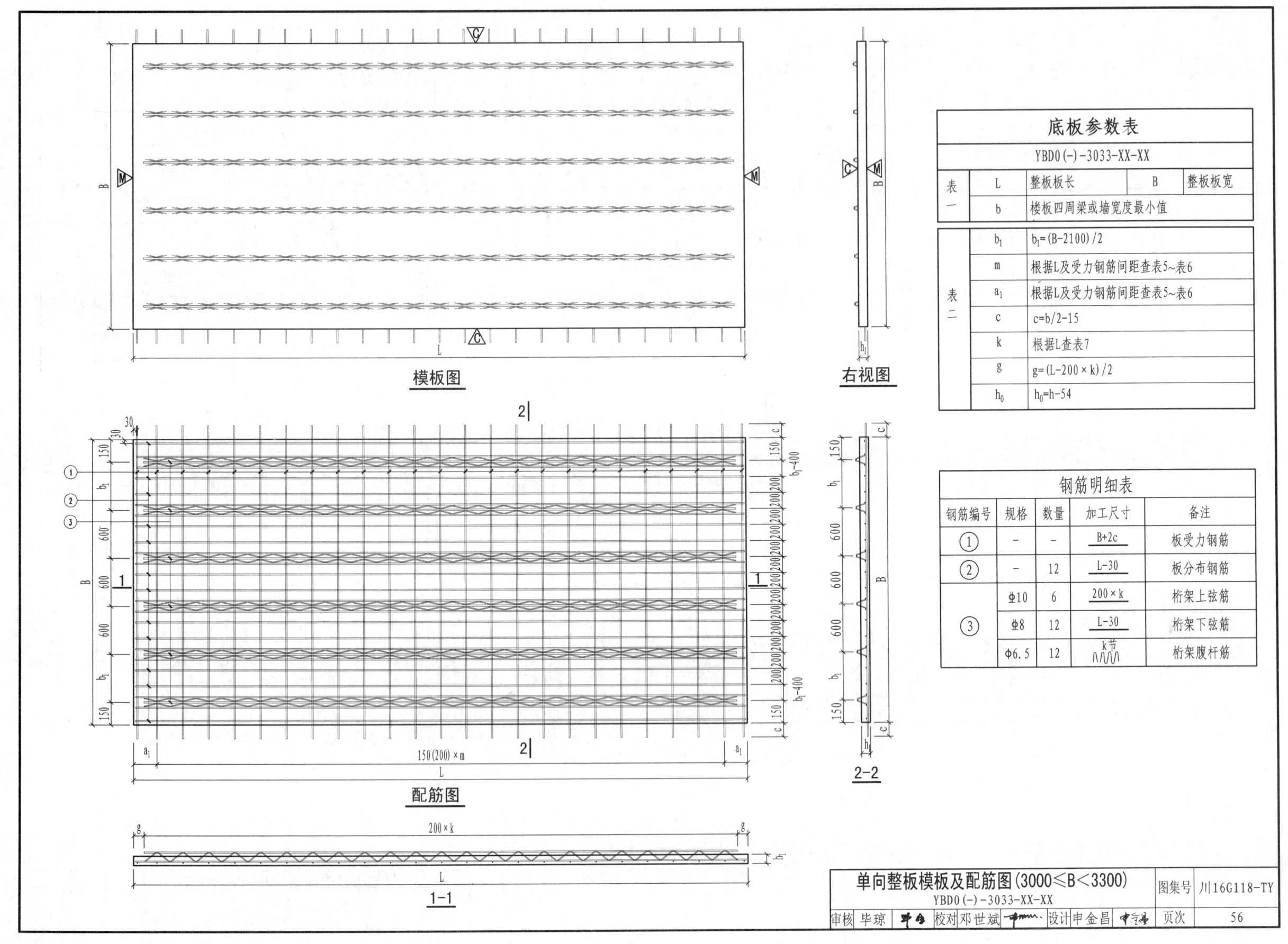

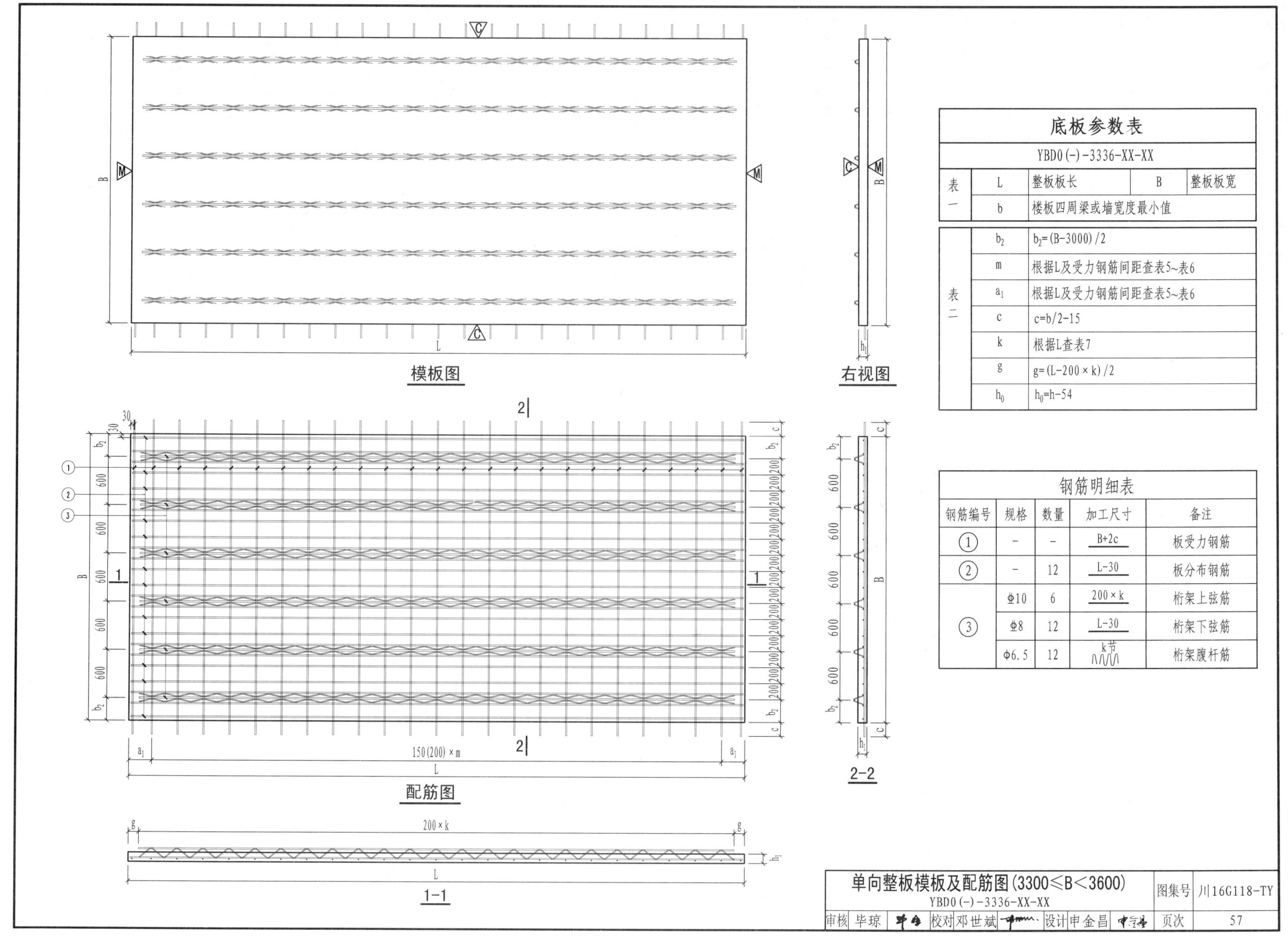

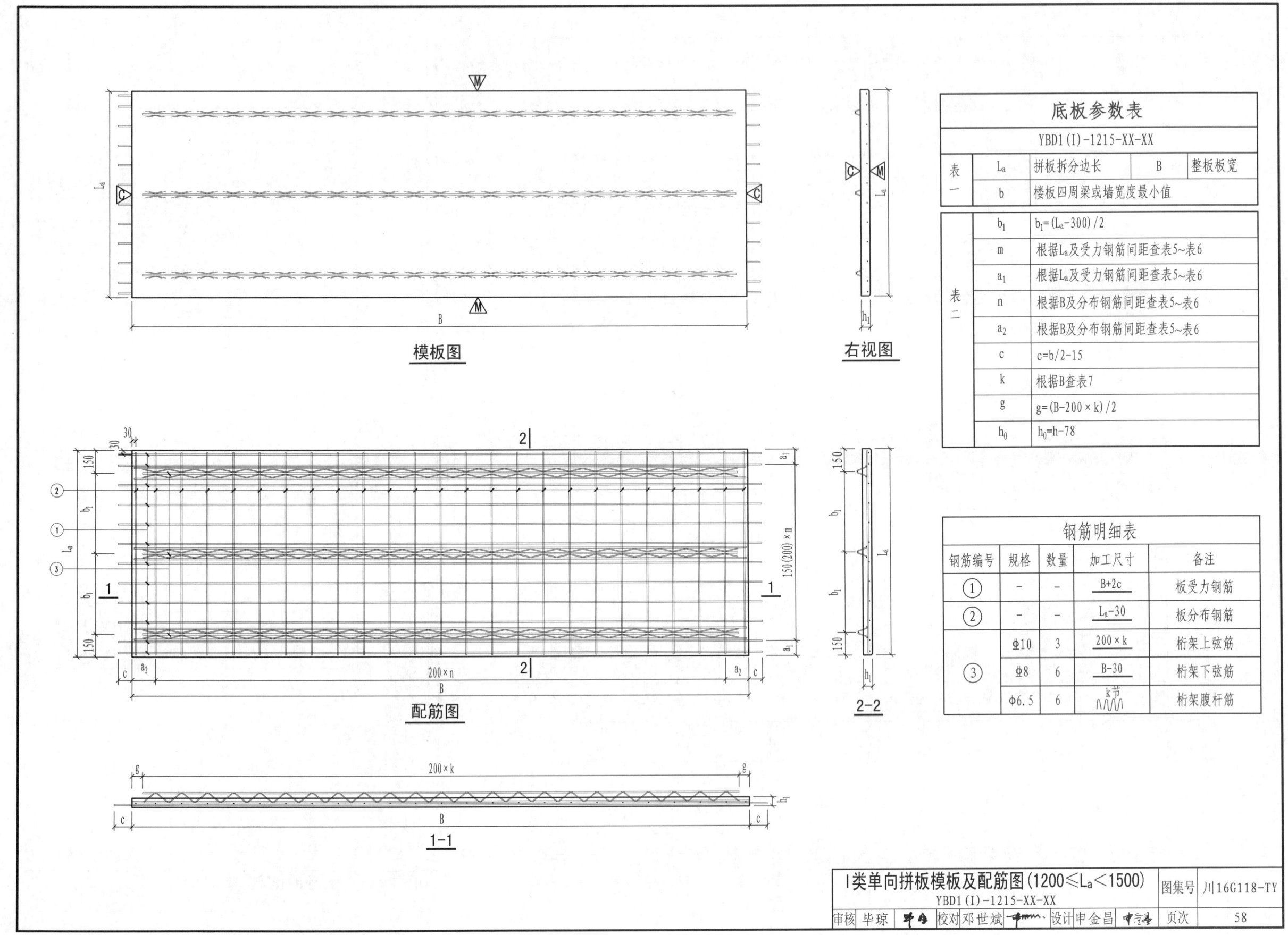

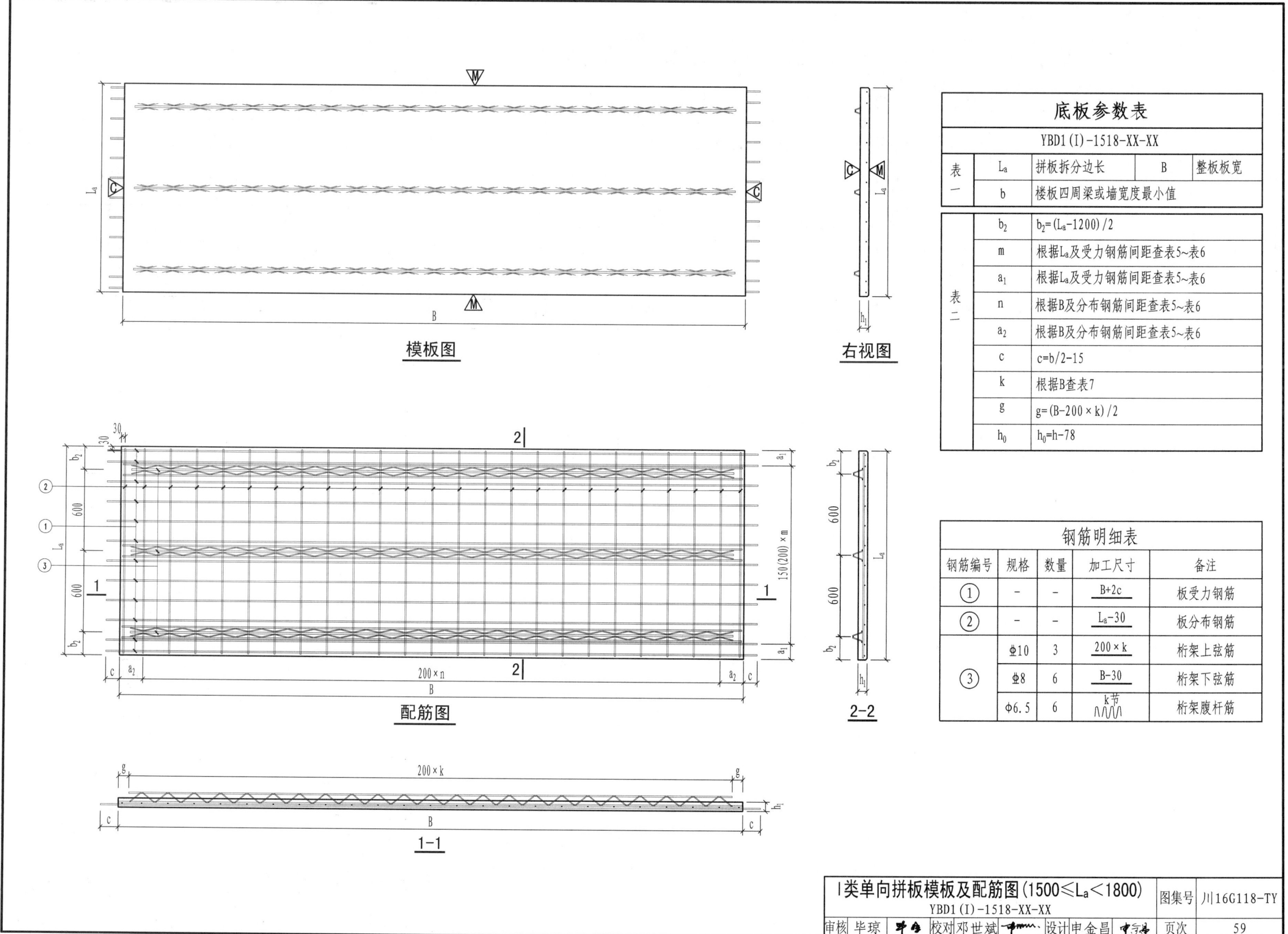

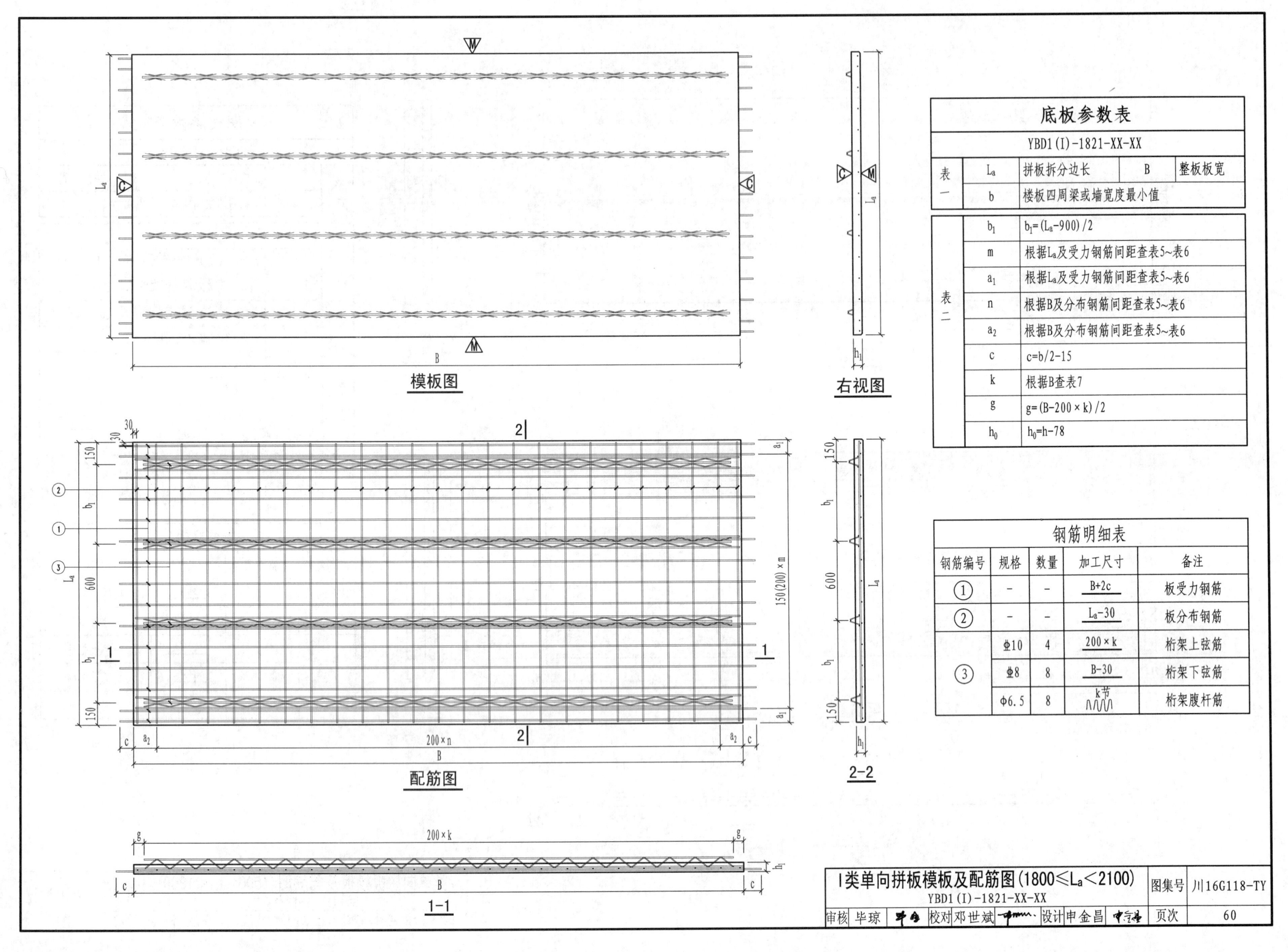

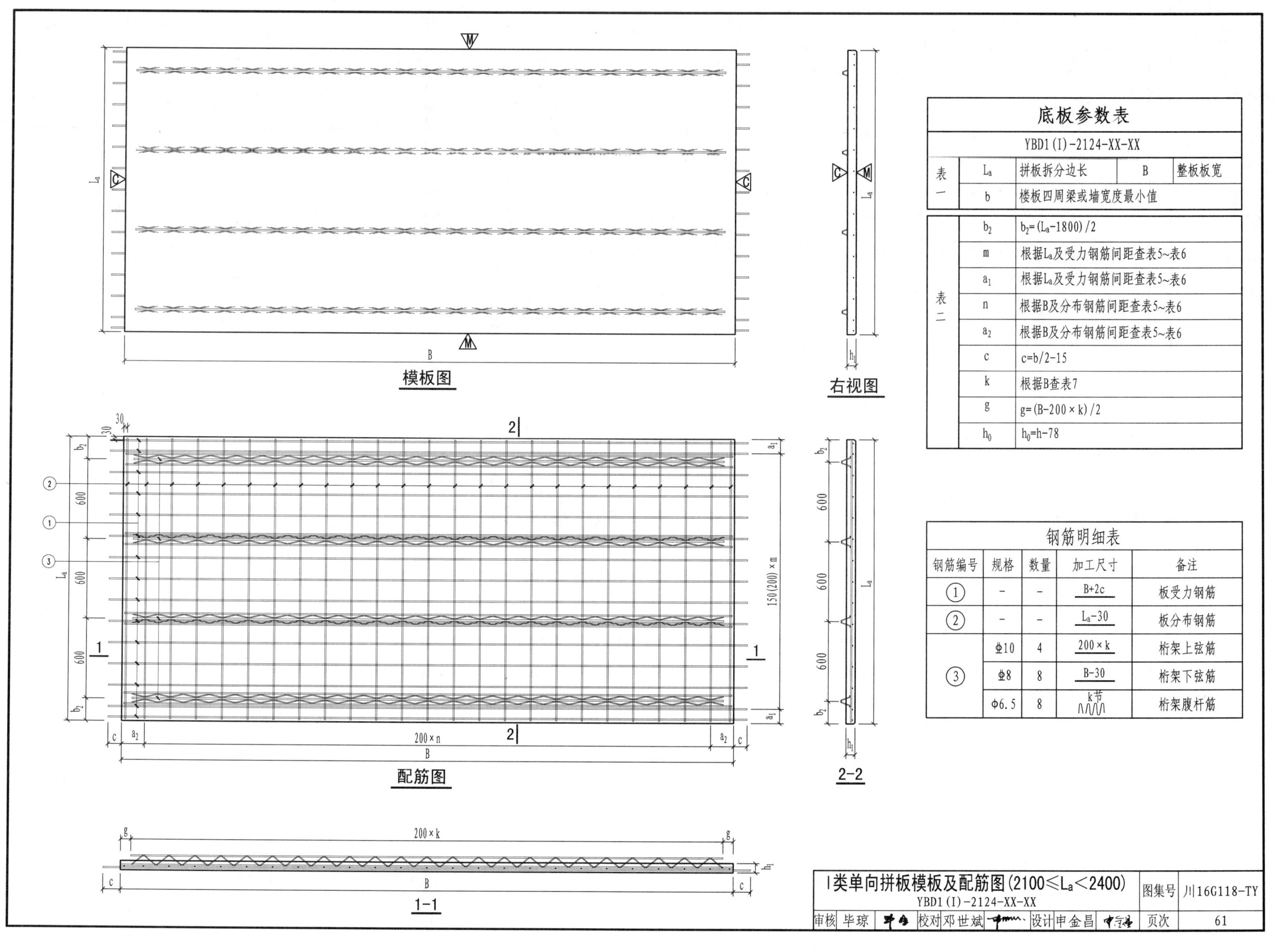

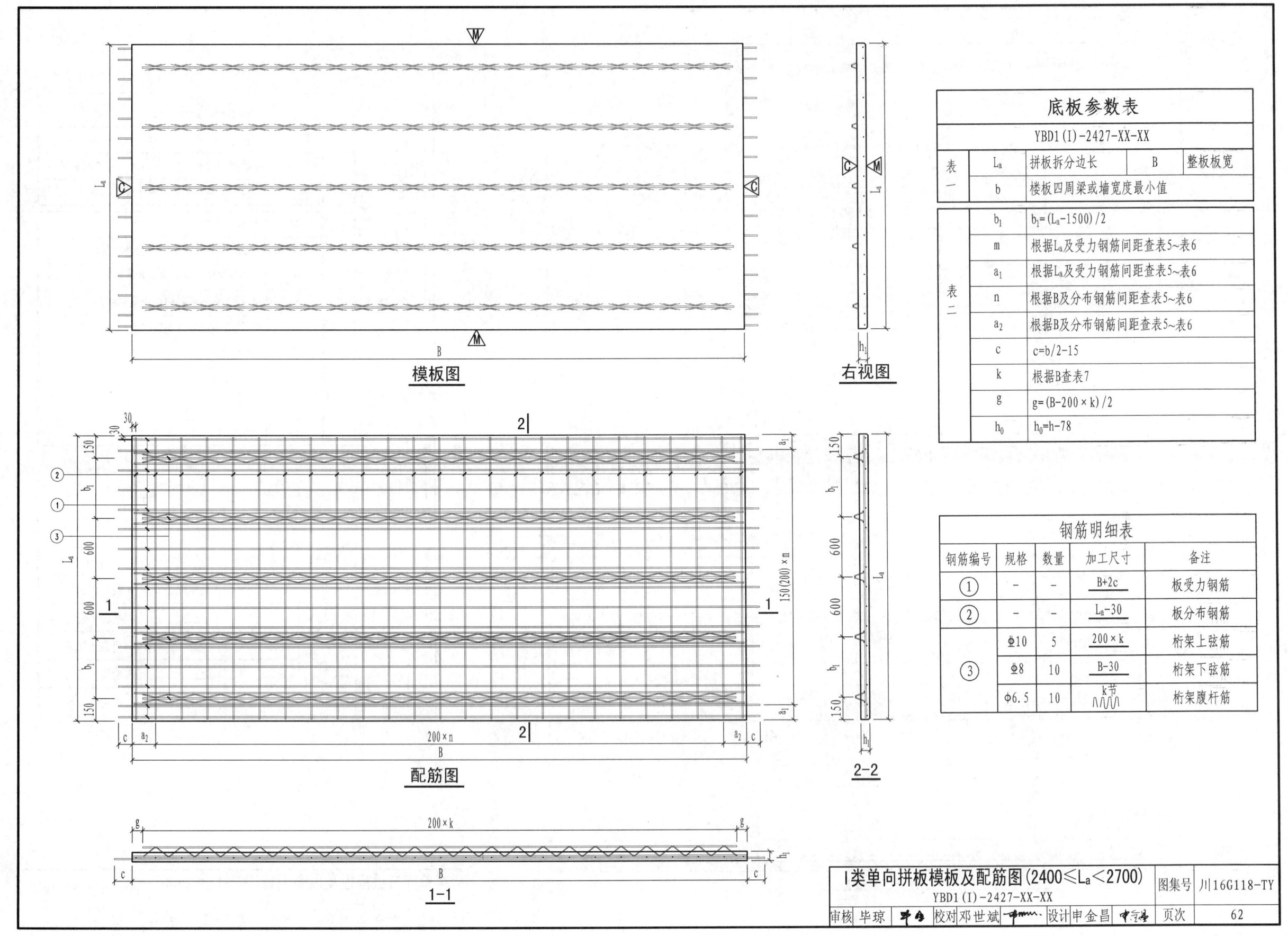

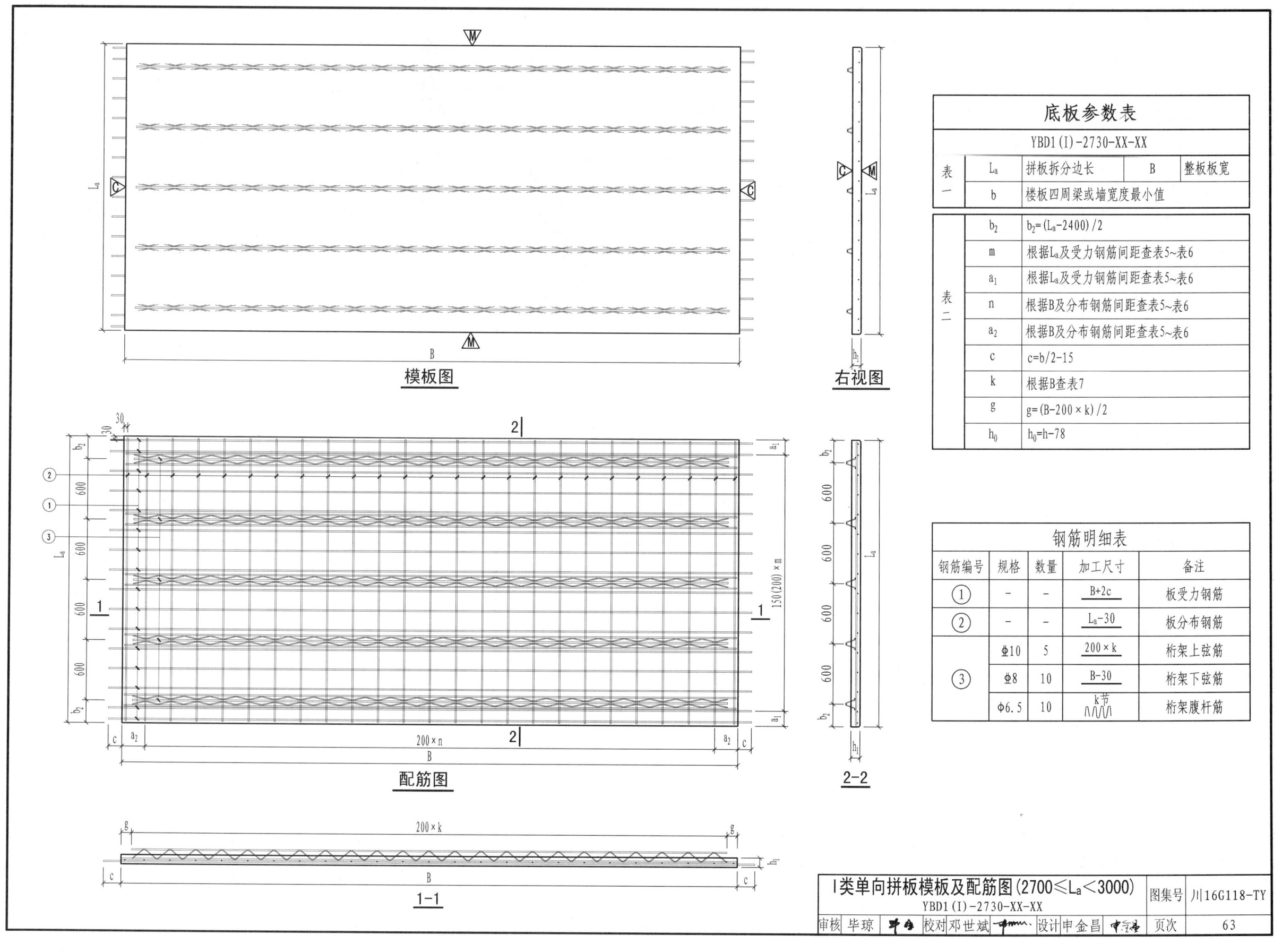

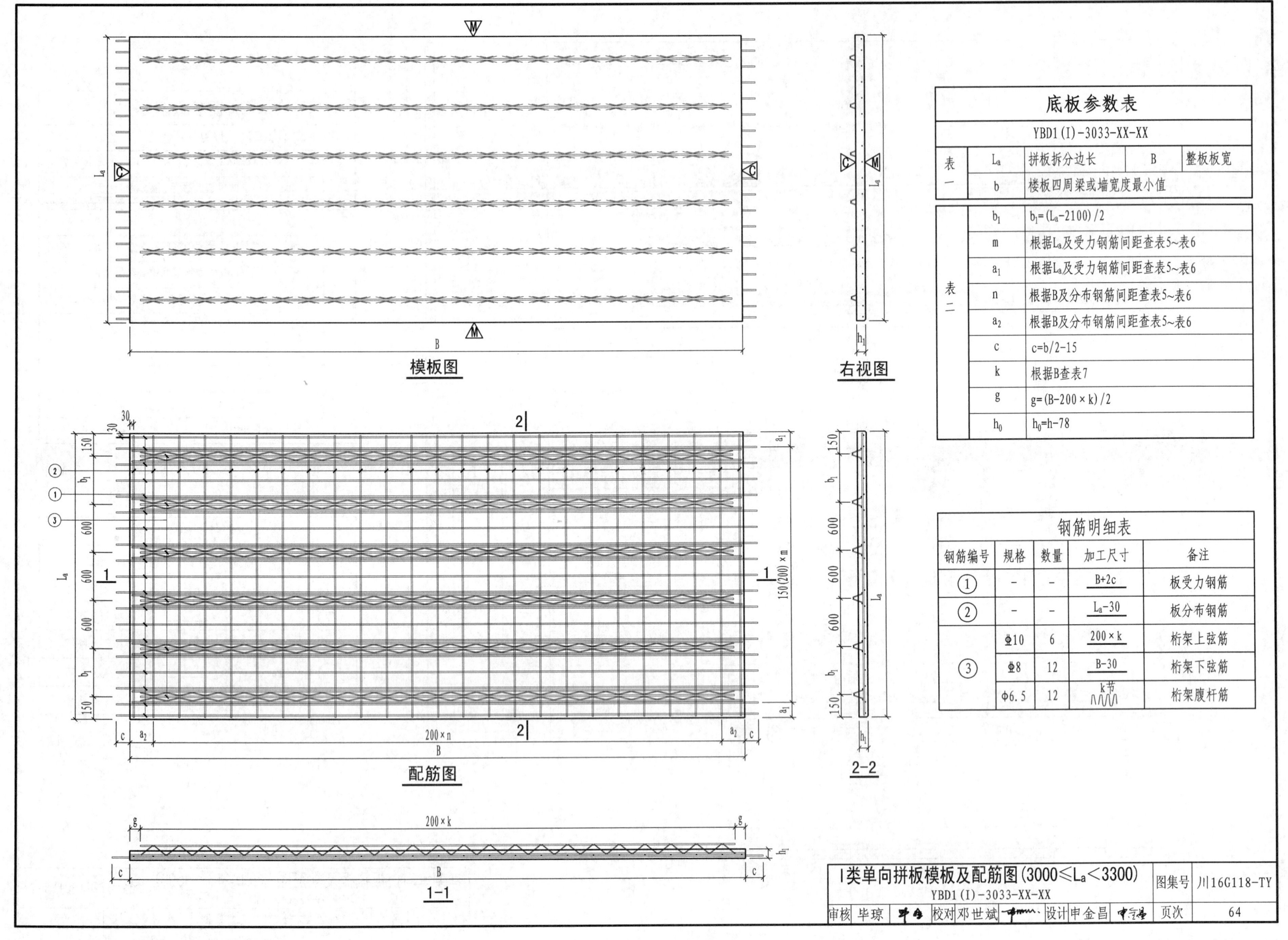

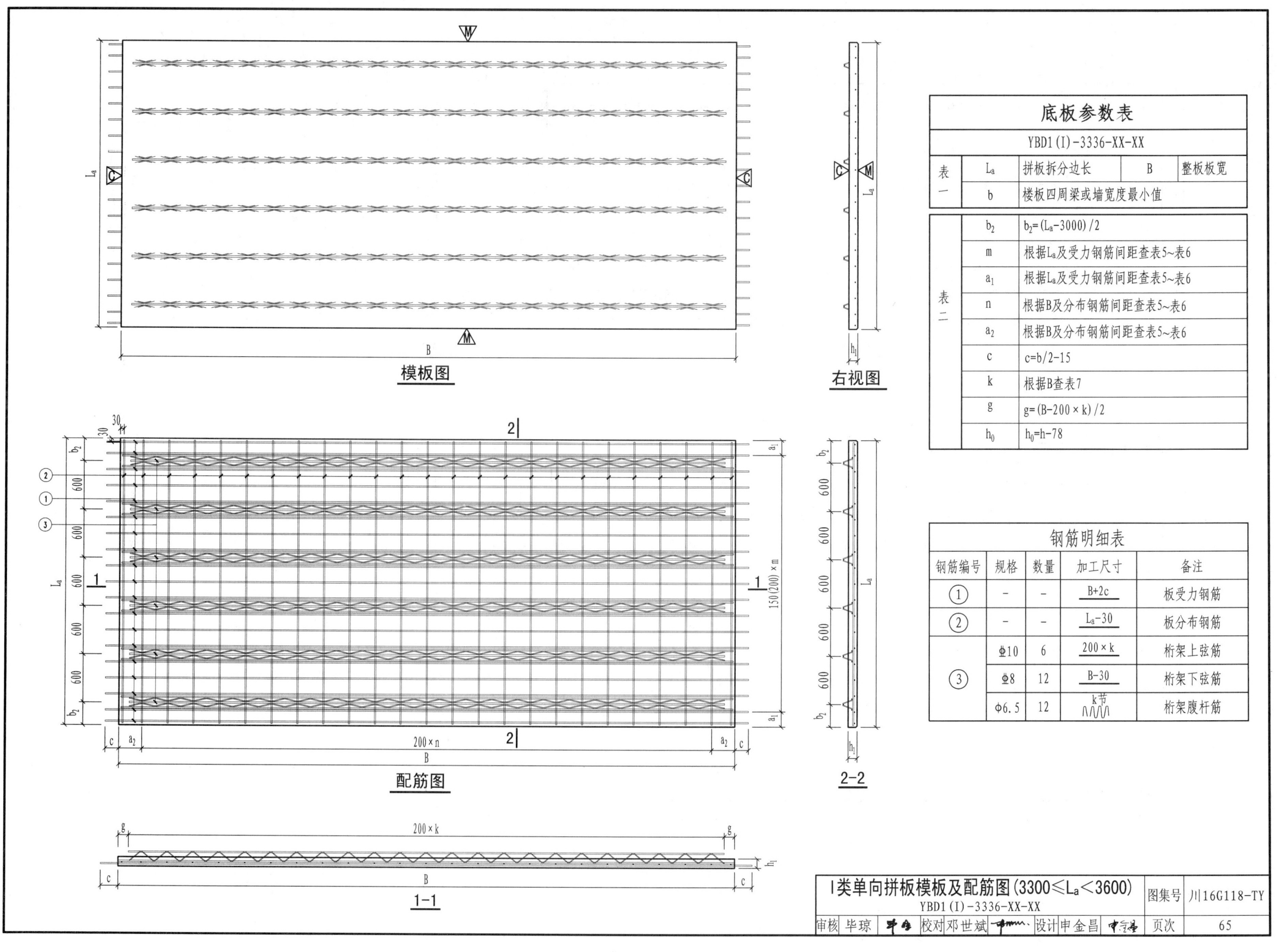

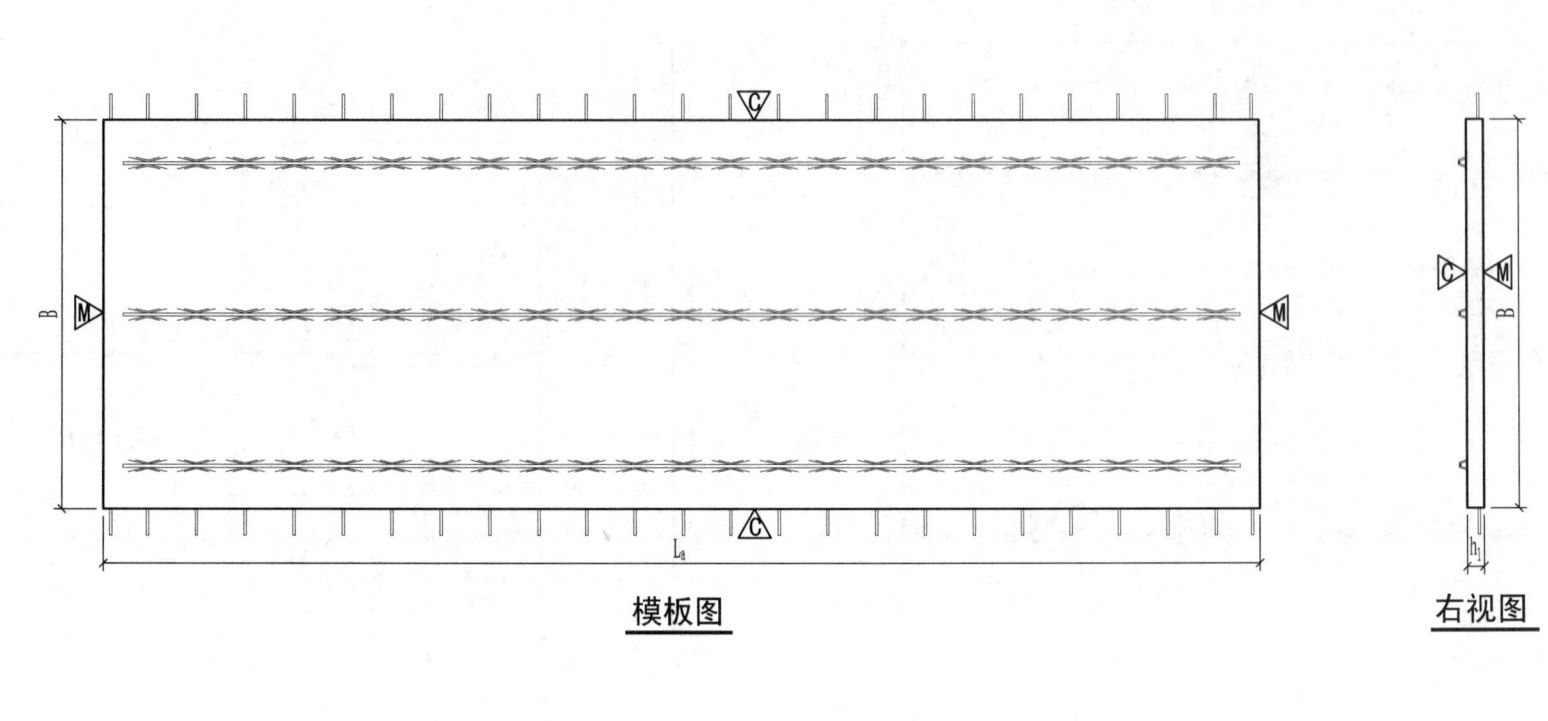
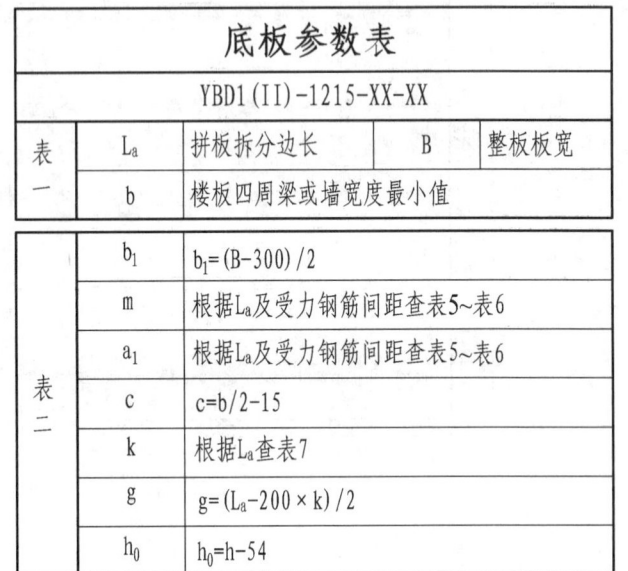
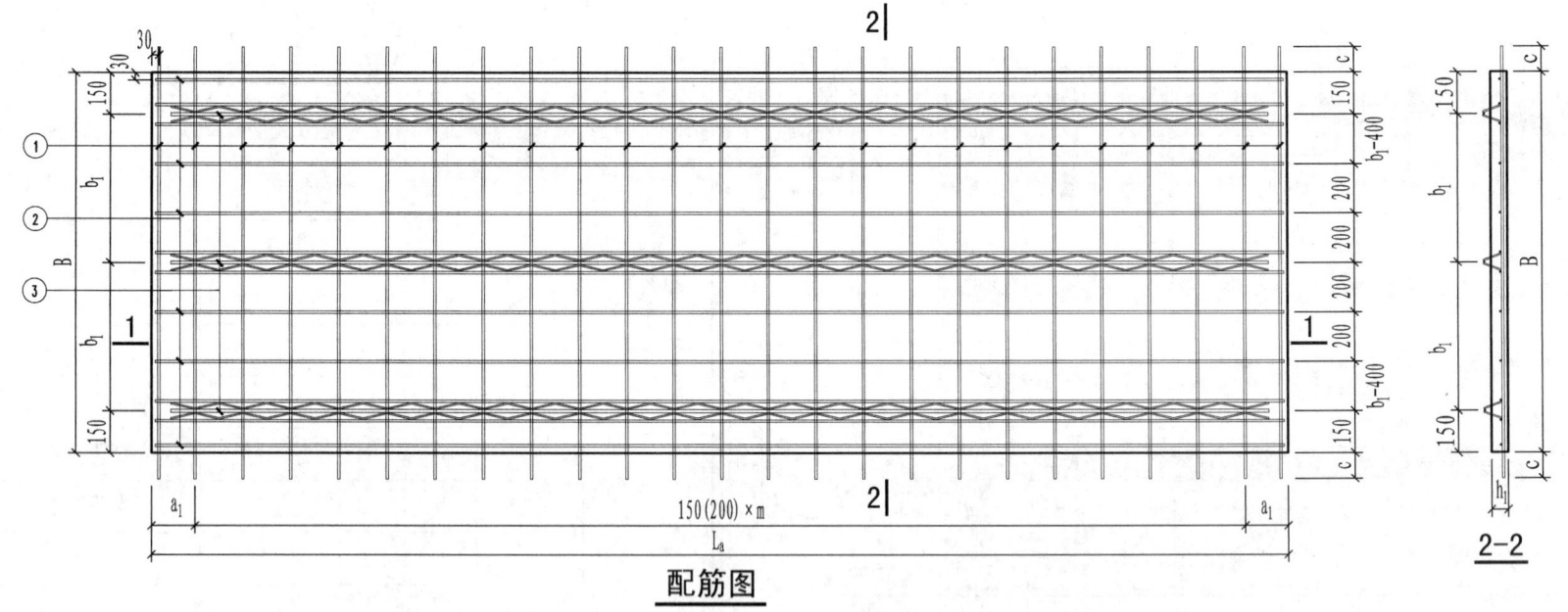

底板参数表

YBD1(II)-1215-XX-XX

表一	L_a	拼板拆分边长	B	整板板宽
	b	楼板四周梁或墙宽度最小值		

表二	b_1	$b_1=(B-300)/2$
	m	根据 L_a 及受力钢筋间距查表5~表6
	a_1	根据 L_a 及受力钢筋间距查表5~表6
	c	$c=b/2-15$
	k	根据 L_a 查表7
	g	$g=(L_a-200×k)/2$
	h_0	$h_0=h-54$

钢筋明细表

钢筋编号	规格	数量	加工尺寸	备注
①	—	—	B+2c	板受力钢筋
②	—	6	L_a-30	板分布钢筋
③	⊥10	3	200×k	桁架上弦筋
	⊥8	6	L_a-30	桁架下弦筋
	Φ6.5	6	k节	桁架腹杆筋

II类单向拼板模板及配筋图(1200≤B<1500)
YBD1(II)-1215-XX-XX

图集号 川16G118-TY
页次 66

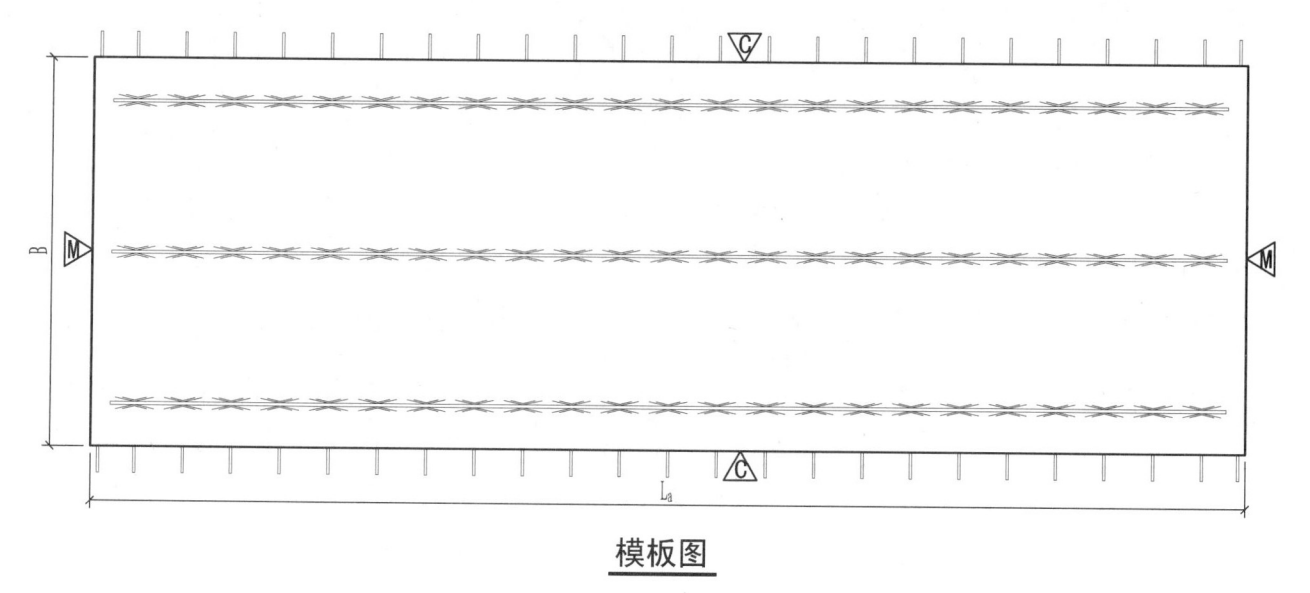

模板图

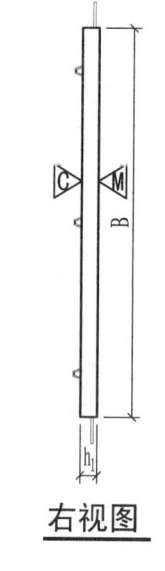

右视图

底板参数表

YBD1(Ⅱ)-1518-XX-XX

表一	L_a	拼板拆分边长	B	整板板宽
	b	楼板四周梁或墙宽度最小值		

表二	b_2	$b_2=(B-1200)/2$
	m	根据L_a及受力钢筋间距查表5~表6
	a_1	根据L_a及受力钢筋间距查表5~表6
	c	c=b/2-15
	k	根据L_a查表7
	g	$g=(L_a-200×k)/2$
	h_0	$h_0=h-54$

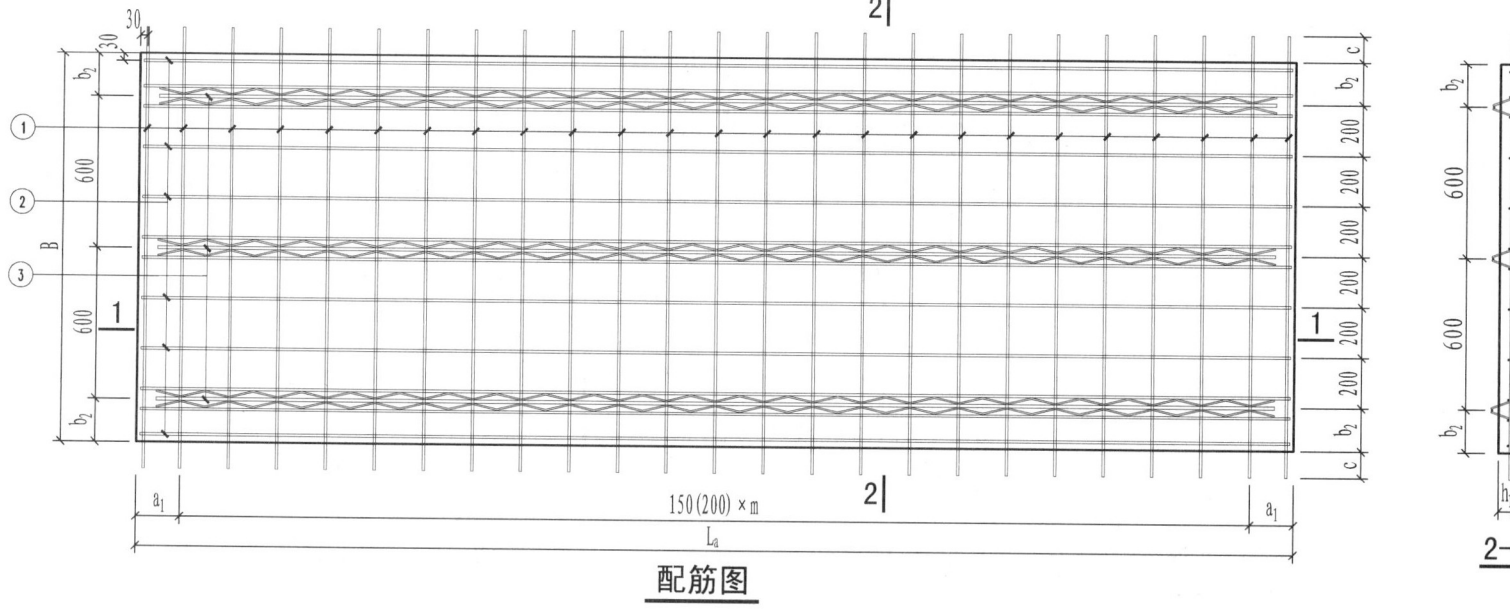

配筋图

1-1

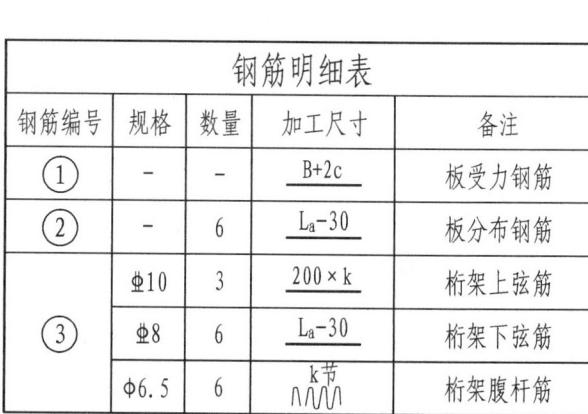

2-2

钢筋明细表

钢筋编号	规格	数量	加工尺寸	备注
①	-	-	B+2c	板受力钢筋
②	-	6	L_a-30	板分布钢筋
③	⌀10	3	200×k	桁架上弦筋
	⌀8	6	L_a-30	桁架下弦筋
	Φ6.5	6	k节	桁架腹杆筋

Ⅱ类单向拼板模板及配筋图(1500≤B<1800)

YBD1(Ⅱ)-1518-XX-XX

图集号 川16G118-TY

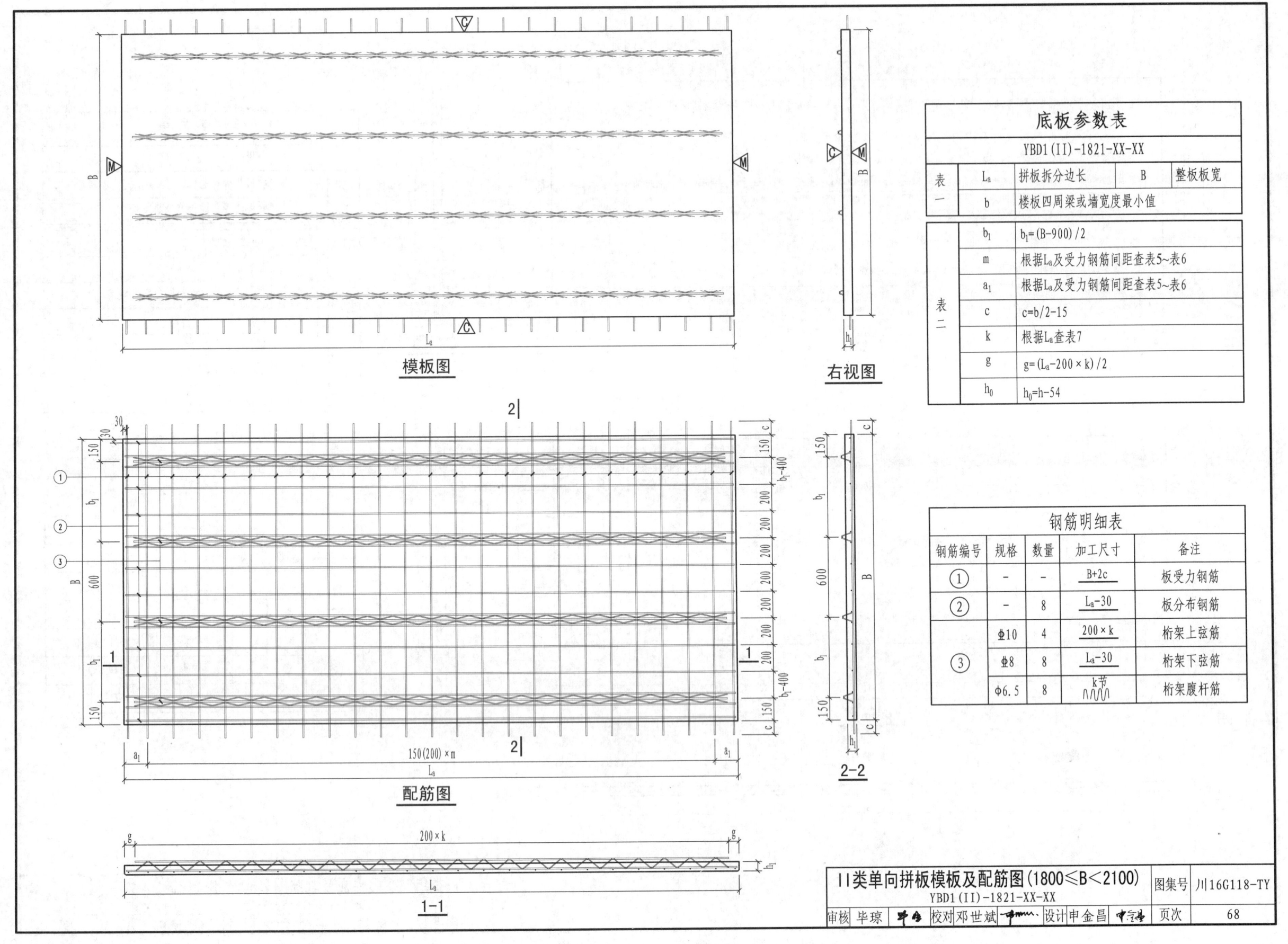

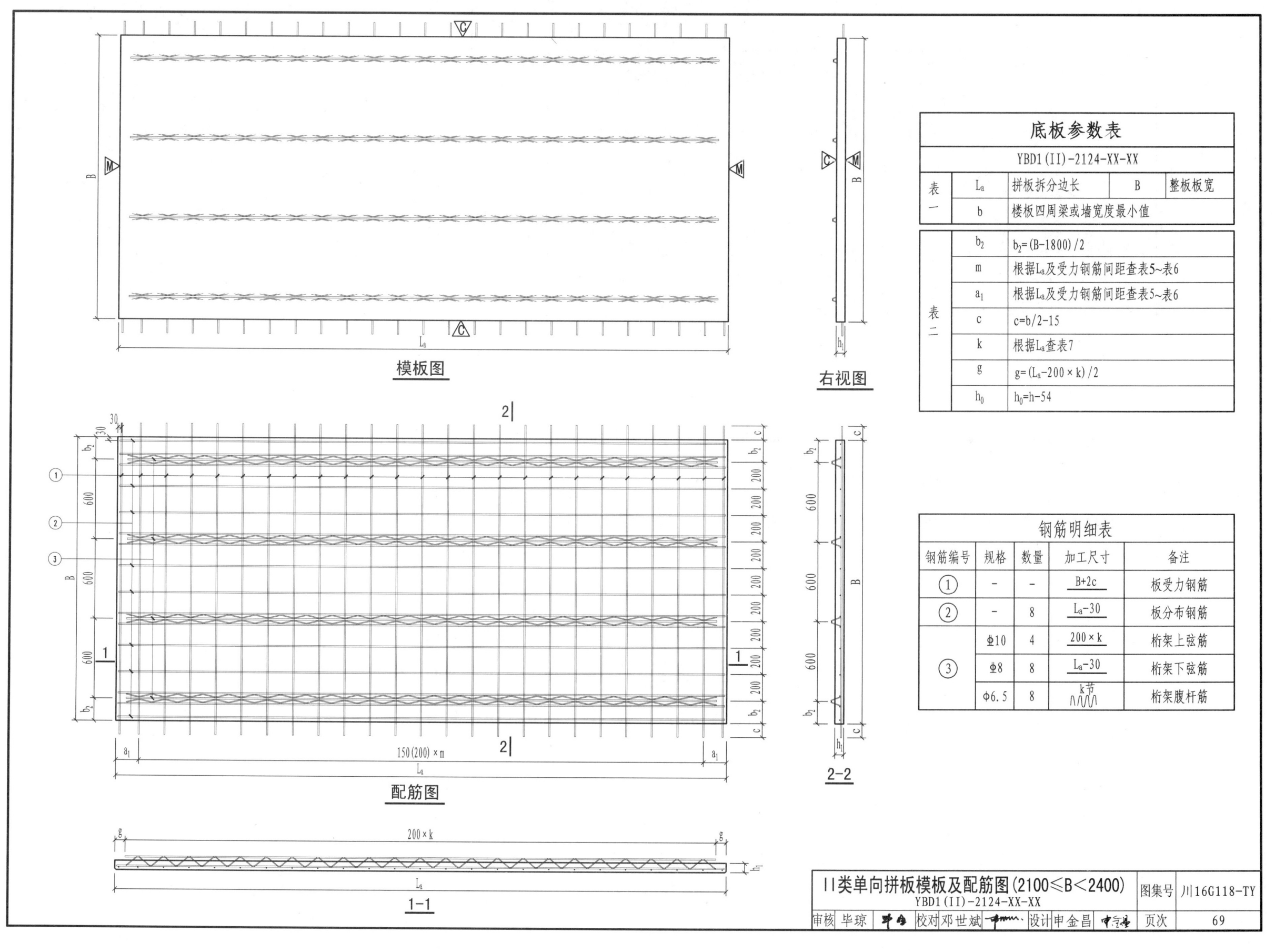

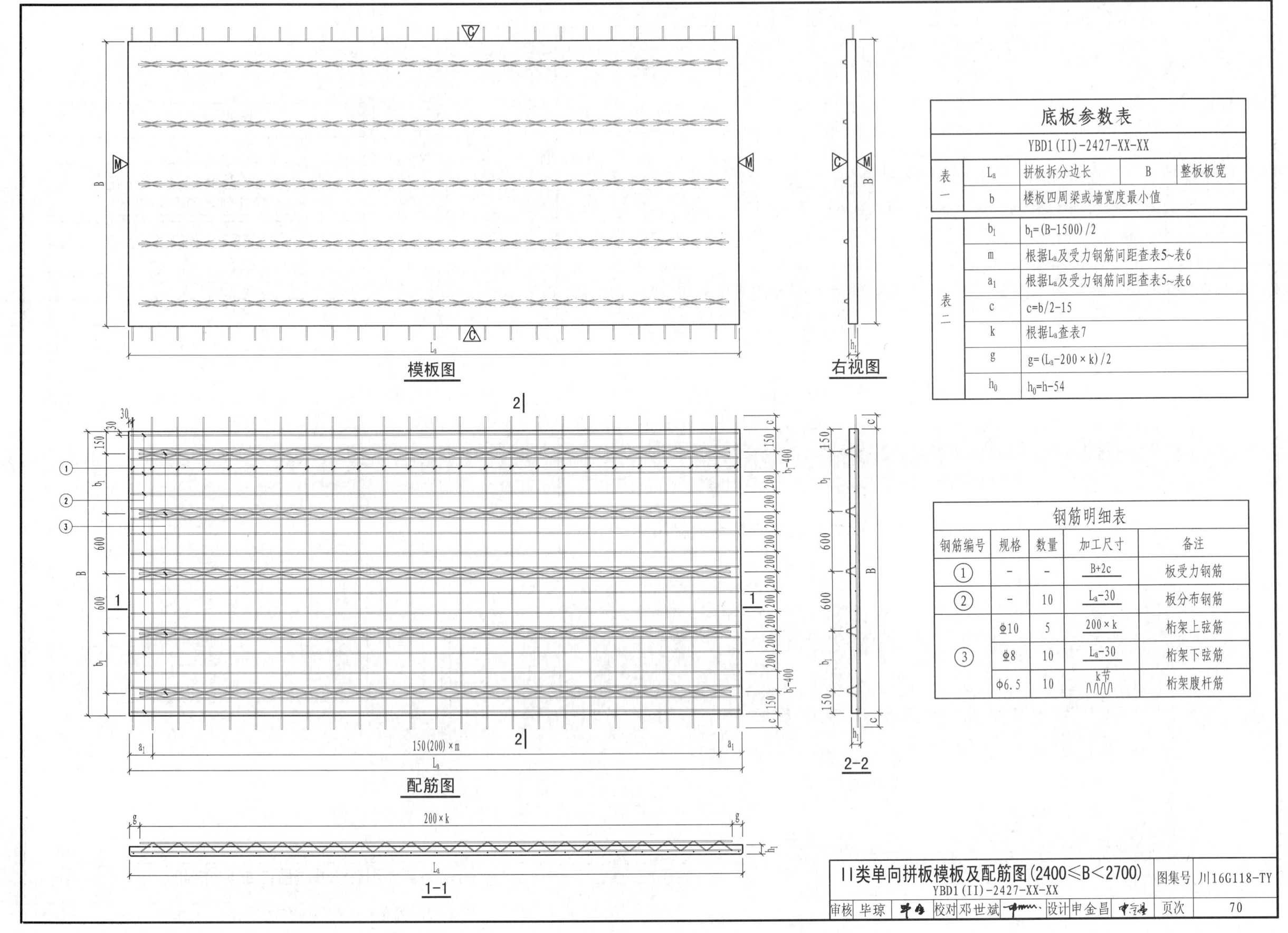

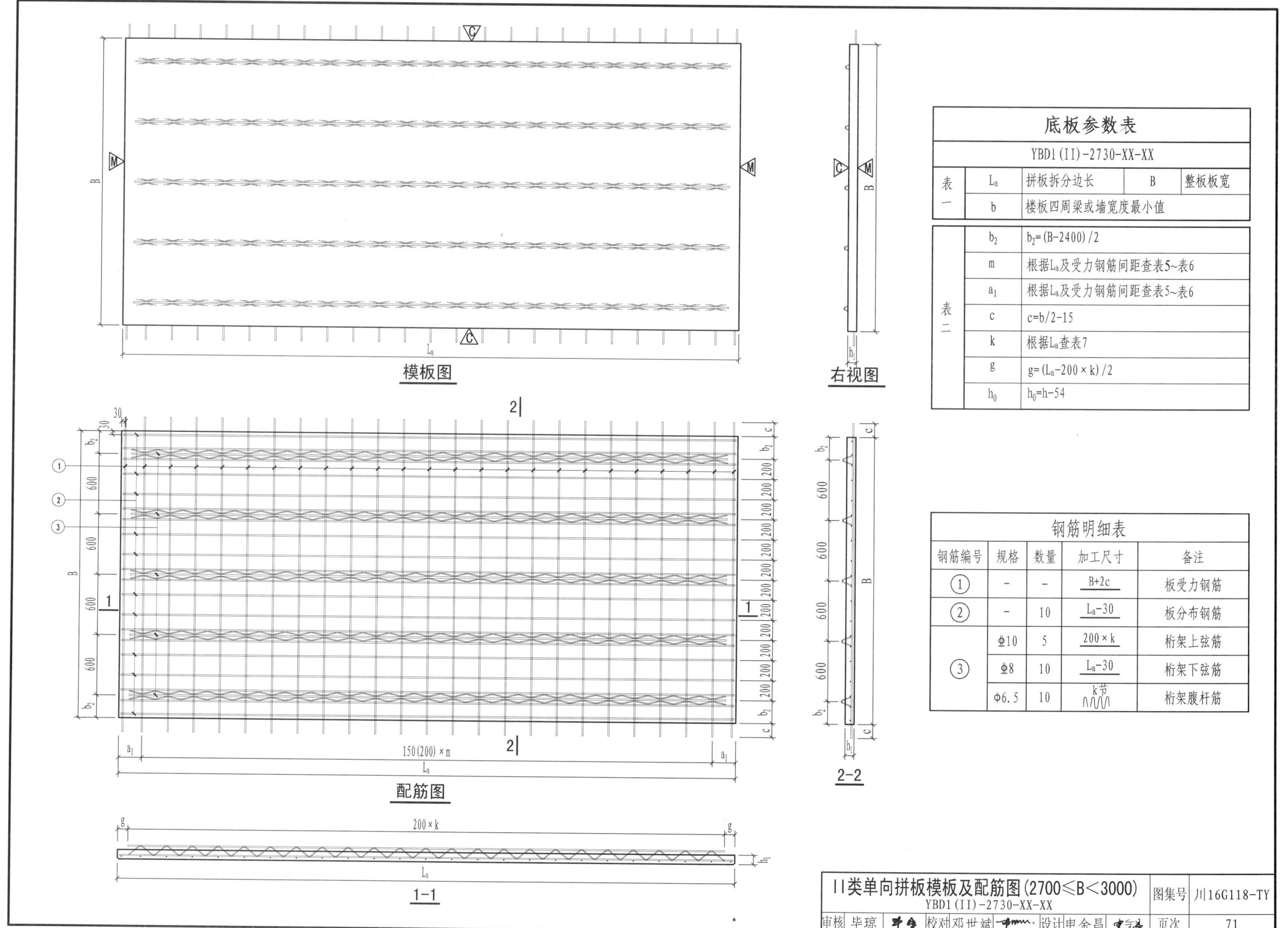

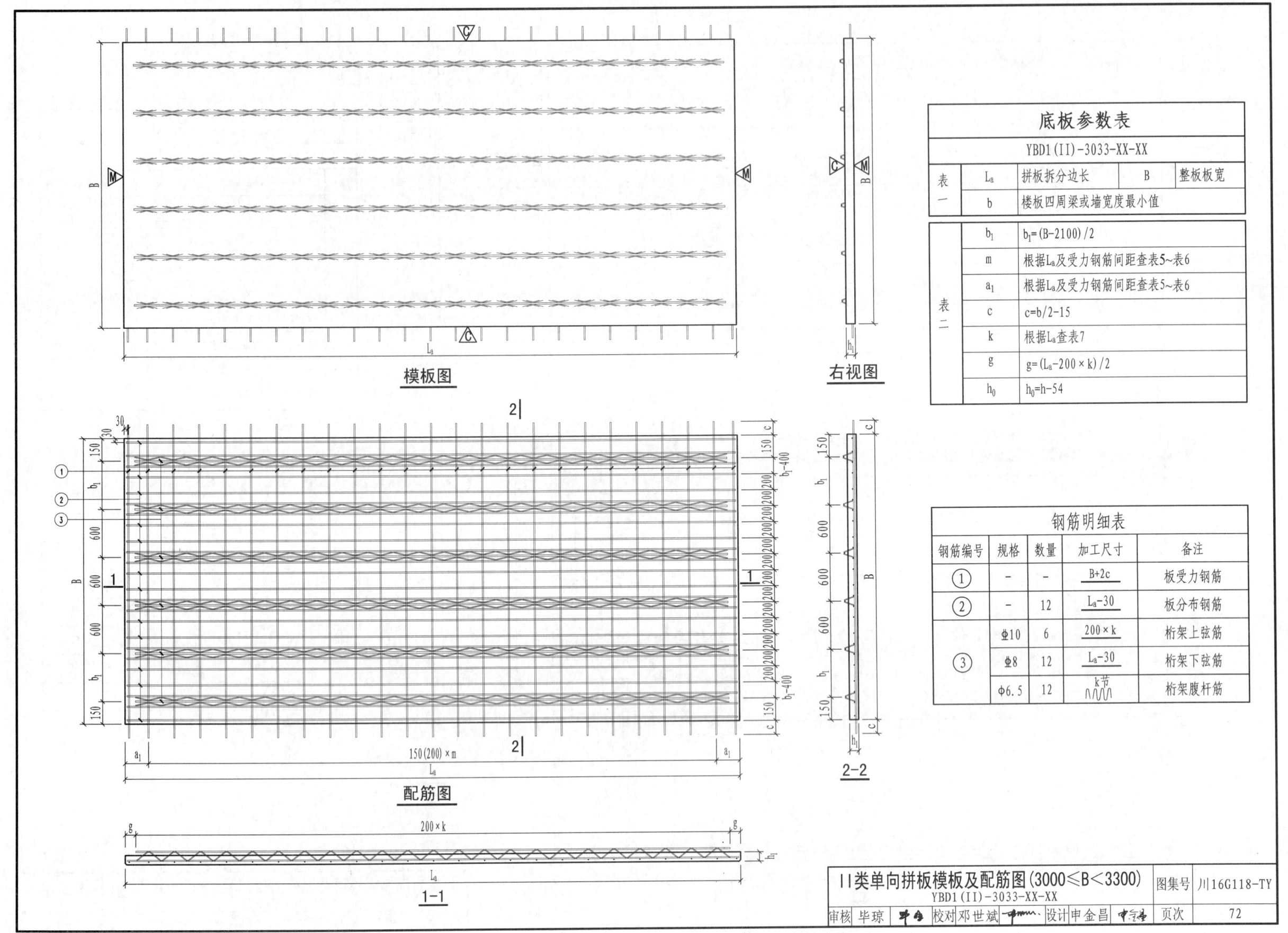

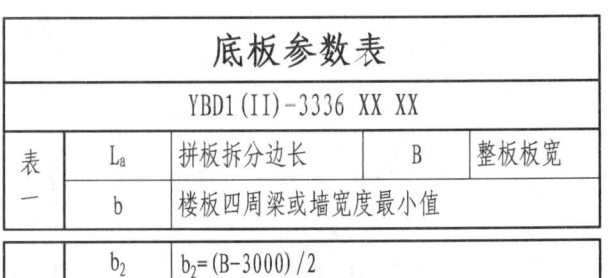

底板参数表

YBD1(Ⅱ)-3336 XX XX

表一	L_a	拼板拆分边长	B 整板板宽
	b	楼板四周梁或墙宽度最小值	

表二	b_2	$b_2=(B-3000)/2$
	m	根据L_a及受力钢筋间距查表5~表6
	a_1	根据L_a及受力钢筋间距查表5~表6
	c	$c=b/2-15$
	k	根据L_a查表7
	g	$g=(L_a-200 \times k)/2$
	h_0	$h_0=h-54$

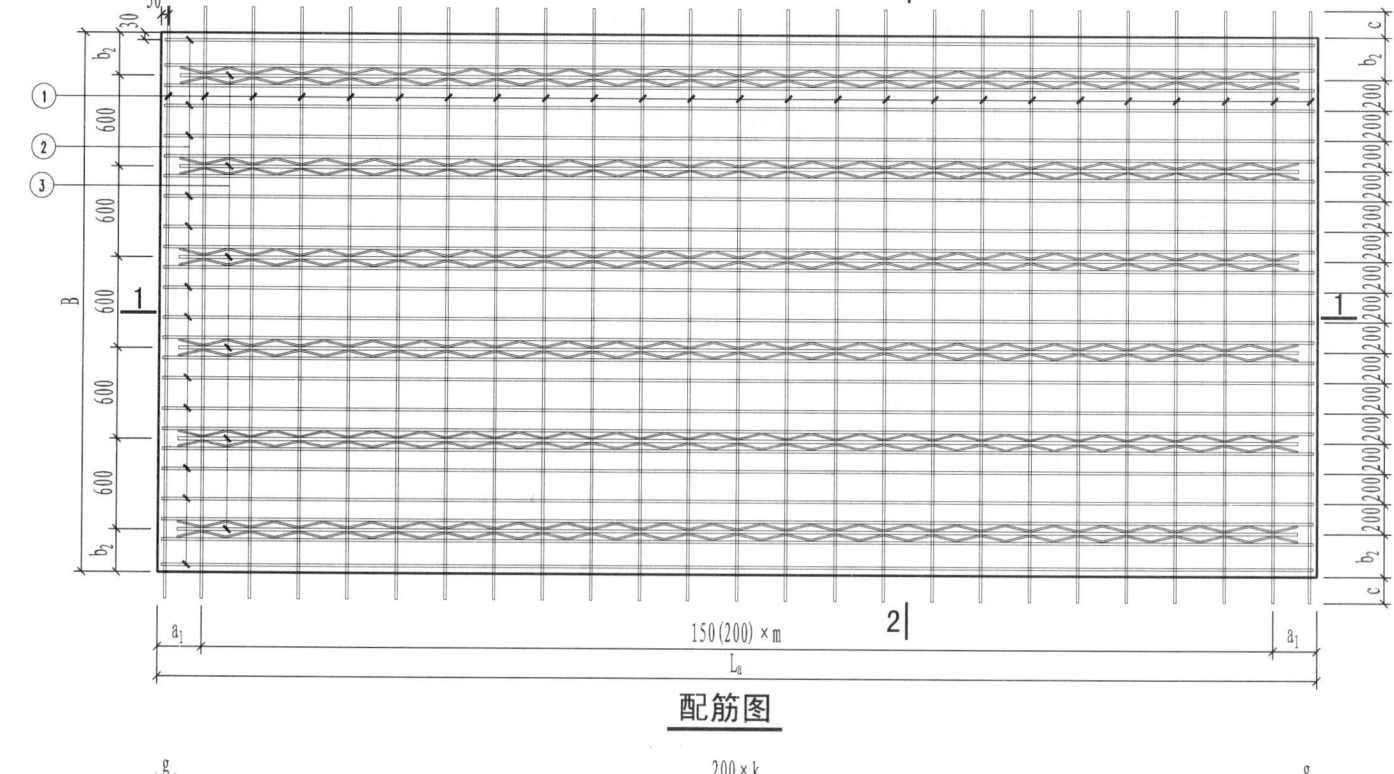
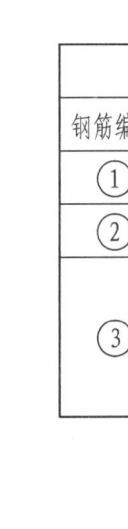

钢筋明细表

钢筋编号	规格	数量	加工尺寸	备注
①	-	-	$B+2c$	板受力钢筋
②	-	12	L_a-30	板分布钢筋
③	Φ10	6	$200 \times k$	桁架上弦筋
	Φ8	12	L_a-30	桁架下弦筋
	Φ6.5	12	k节	桁架腹杆筋

模板图

右视图

配筋图

1-1

2-2

Ⅱ类单向拼板模板及配筋图(3300≤B<3600)
YBD1(Ⅱ)-3336-XX-XX

图集号 川16G118-TY

页次 73

表5 底板钢筋布置选用表

钢筋间距150				
L、B、L_b、L_z、L_a	m、n	L、B、L_b、L_z、L_a	m、n	a_1、a_2
1110≤[x]<1260	6	3960≤[x]<4110	25	
1260≤[x]<1410	7	4110≤[x]<4260	26	
1410≤[x]<1560	8	4260≤[x]<4410	27	
1560≤[x]<1710	9	4410≤[x]<4560	28	
1710≤[x]<1860	10	4560≤[x]<4710	29	
1860≤[x]<2010	11	4710≤[x]<4860	30	
2010≤[x]<2160	12	4860≤[x]<5010	31	$a_1=(L-m×150)/2$
2160≤[x]<2310	13	5010≤[x]<5160	32	$a_1=(L_b-m×150)/2$
2310≤[x]<2460	14	5160≤[x]<5310	33	$a_1=(L_z-m×150)/2$
2460≤[x]<2610	15	5310≤[x]<5460	34	$a_1=(L_a-m×150)/2$
2610≤[x]<2760	16	5460≤[x]<5610	35	$a_2=(B-n×150)/2$
2760≤[x]<2910	17	5610≤[x]<5760	36	
2910≤[x]<3060	18	5760≤[x]<5910	37	
3060≤[x]<3210	19	5910≤[x]<6060	38	
3210≤[x]<3360	20	6060≤[x]<6210	39	
3360≤[x]<3510	21	6210≤[x]<6360	40	
3510≤[x]<3660	22	6360≤[x]<6510	41	
3660≤[x]<3810	23	6510≤[x]<6660	42	
3810≤[x]<3960	24			

注：[x]代表L、B、L_b、L_z、L_a。

表6 底板钢筋布置选用表

钢筋间距200				
L、B、L_b、L_z、L_a	m、n	L、B、L_b、L_z、L_a	m、n	a_1、a_2
1060≤[x]<1260	4	3860≤[x]<4060	18	
1260≤[x]<1460	5	4060≤[x]<4260	19	
1460≤[x]<1660	6	4260≤[x]<4460	20	
1660≤[x]<1860	7	4460≤[x]<4660	21	
1860≤[x]<2060	8	4660≤[x]<4860	22	$a_1=(L-m×200)/2$
2060≤[x]<2260	9	4860≤[x]<5060	23	$a_1=(L_b-m×200)/2$
2260≤[x]<2460	10	5060≤[x]<5260	24	$a_1=(L_z-m×200)/2$
2460≤[x]<2660	11	5260≤[x]<5460	25	$a_1=(L_a-m×200)/2$
2660≤[x]<2860	12	5460≤[x]<5660	26	$a_2=(B-n×200)/2$
2860≤[x]<3060	13	5660≤[x]<5860	27	
3060≤[x]<3260	14	5860≤[x]<6060	28	
3260≤[x]<3460	15	6060≤[x]<6260	29	
3460≤[x]<3660	16	6260≤[x]<6460	30	
3660≤[x]<3860	17	6460≤[x]<6660	31	

注：[x]代表L、B、L_b、L_z、L_a。

钢筋布置选用表汇总

图集号 川16G118-TY

审核 毕琼　校对 邓世斌　设计 申金昌

页次 74

表7 桁架钢筋选用表

L、B、L_b、L_z、L_a	k
1300 ≤ [x] < 1500	6
1500 ≤ [x] < 1700	7
1700 ≤ [x] < 1900	8
1900 ≤ [x] < 2100	9
2100 ≤ [x] < 2300	10
2300 ≤ [x] < 2500	11
2500 ≤ [x] < 2700	12
2700 ≤ [x] < 2900	13
2900 ≤ [x] < 3100	14
3100 ≤ [x] < 3300	15
3300 ≤ [x] < 3500	16
3500 ≤ [x] < 3700	17
3700 ≤ [x] < 3900	18
3900 ≤ [x] < 4100	19
4100 ≤ [x] < 4300	20
4300 ≤ [x] < 4500	21
4500 ≤ [x] < 4700	22
4700 ≤ [x] < 4900	23

续表7

L、B、L_b、L_z、L_a	k
4900 ≤ [x] < 5100	24
5100 ≤ [x] < 5300	25
5300 ≤ [x] < 5500	26
5500 ≤ [x] < 5700	27
5700 ≤ [x] < 5900	28
5900 ≤ [x] < 6100	29
6100 ≤ [x] < 6300	30
6300 ≤ [x] < 6500	31
6500 ≤ [x] < 6700	32

注：[x]代表L、B、L_b、L_z、L_a。

钢筋布置选用表汇总	图集号	川16G118-TY
审核 毕琼　校对 邓世斌　设计 申金昌	页次	75

表8 单向叠合板板厚及受力筋选用表（q$_k$=0.5 kN/m²）

板跨 (m)	总板厚h (mm)	120			130			140			150		160	170	180
	配筋	Φ8@200	Φ8@150	Φ10@200	Φ10@200	Φ10@150	Φ12@200	Φ10@150	Φ12@200	Φ12@150	Φ12@150	Φ14@150	Φ14@150	Φ14@150	Φ14@150
1.2	允许附加恒载标准值[g$_k$] (kN/m²)	32.5													
1.5	允许附加恒载标准值[g$_k$] (kN/m²)	19.6													
1.8	允许附加恒载标准值[g$_k$] (kN/m²)	12.6													
2.1	允许附加恒载标准值[g$_k$] (kN/m²)	7.4	10.7	12.8											
2.4	允许附加恒载标准值[g$_k$] (kN/m²)	4.4	6.6	8.1	9.8	13.7									
2.7	允许附加恒载标准值[g$_k$] (kN/m²)	2.4	4.0	5.1	6.3	9.2	10.0	10.9	11.9						
3.0	允许附加恒载标准值[g$_k$] (kN/m²)		2.4	3.2	4.0	6.2	6.8	7.5	8.2	11.1	13.6				
3.3	允许附加恒载标准值[g$_k$] (kN/m²)			1.9	2.4	4.1	4.6	5.0	5.6	7.9	9.7	11.9			
3.6	允许附加恒载标准值[g$_k$] (kN/m²)				1.3	2.7	3.1	3.3	3.8	5.6	7.0	8.6	10.5		
3.9	允许附加恒载标准值[g$_k$] (kN/m²)					1.6	1.9	2.1	2.5	3.9	5.0	6.3	7.7	9.3	
4.2	允许附加恒载标准值[g$_k$] (kN/m²)								1.4	2.6	3.5	4.5	5.7	6.9	8.3

注：1. 本表只适用于不需考虑二阶段受力的叠合板；
　　2. 组合值系数取0.7，准永久值系数取0。

钢筋布置选用表汇总

图集号 川16G118-TY

审核 毕琼　校对 邓世斌　设计 申金昌

表9 单向叠合板板厚及受力筋选用表 (q_k=2.0 kN/m²)

板跨(m)	总板厚h (mm)	120			130			140			150		160	170	180
	配筋	⊥8@200	⊥8@150	⊥10@200	⊥10@200	⊥10@150	⊥12@200	⊥10@150	⊥12@200	⊥12@150	⊥12@150	⊥14@150	⊥14@150	⊥14@150	⊥14@150
1.2	允许附加恒载标准值[g_k] (kN/m²)	31.4													
1.5	允许附加恒载标准值[g_k] (kN/m²)	18.5													
1.8	允许附加恒载标准值[g_k] (kN/m²)	11.5	16.6												
2.1	允许附加恒载标准值[g_k] (kN/m²)	6.4	9.7	11.8	14.3										
2.4	允许附加恒载标准值[g_k] (kN/m²)	3.4	5.6	7.1	8.8	12.7									
2.7	允许附加恒载标准值[g_k] (kN/m²)	1.4	3.1	4.2	5.4	8.2	9.1	10.0	11.0						
3.0	允许附加恒载标准值[g_k] (kN/m²)		1.4	2.2	3.1	5.2	5.9	6.5	7.3	10.2	12.6				
3.3	允许附加恒载标准值[g_k] (kN/m²)				1.5	3.2	3.7	4.1	4.7	7.0	8.8	10.9			
3.6	允许附加恒载标准值[g_k] (kN/m²)					1.7	2.1	2.4	2.9	4.7	6.1	7.7	9.6		
3.9	允许附加恒载标准值[g_k] (kN/m²)							1.1	1.5	3.0	4.1	5.3	6.8	8.4	
4.2	允许附加恒载标准值[g_k] (kN/m²)									1.7	2.5	3.5	4.7	6.0	7.4

注: 1. 本表只适用于不需考虑二阶段受力的叠合板；
    2. 组合值系数取0.7，准永久值系数取0.5。

钢筋布置选用表汇总

表10 单向叠合板板厚及受力筋选用表（q_k=2.5 kN/m²）

板跨 (m)	总板厚h (mm)	120			130			140			150		160	170	180
	配筋	Φ8@200	Φ8@150	Φ10@200	Φ10@200	Φ10@150	Φ12@200	Φ10@150	Φ12@200	Φ12@150	Φ12@150	Φ14@150	Φ14@150	Φ14@150	Φ14@150
1.2	允许附加恒载标准值[g_k]（kN/m²）	31.1													
1.5	允许附加恒载标准值[g_k]（kN/m²）	18.1													
1.8	允许附加恒载标准值[g_k]（kN/m²）	11.1													
2.1	允许附加恒载标准值[g_k]（kN/m²）	5.9	9.2	11.3	13.8										
2.4	允许附加恒载标准值[g_k]（kN/m²）	2.9	5.1	6.6	8.3	12.2									
2.7	允许附加恒载标准值[g_k]（kN/m²）		2.6	3.7	4.9	7.7	8.6	9.5	10.5						
3.0	允许附加恒载标准值[g_k]（kN/m²）			1.7	2.6	4.7	5.4	6.0	6.8	9.7	12.1				
3.3	允许附加恒载标准值[g_k]（kN/m²）				1.0	2.7	3.2	3.6	4.2	6.5	8.3	10.4			
3.6	允许附加恒载标准值[g_k]（kN/m²）					1.2	1.6	1.9	2.4	4.2	5.6	7.2	9.1	11.1	
3.9	允许附加恒载标准值[g_k]（kN/m²）								1.0	2.5	3.6	4.8	6.3	7.9	9.6
4.2	允许附加恒载标准值[g_k]（kN/m²）									1.2	2.0	3.0	4.2	5.5	6.9

注：1. 本表只适用于不需考虑二阶段受力的叠合板；
　　2. 组合值系数取0.7，准永久值系数取0.6。

钢筋布置选用表汇总

图集号 川16G118-TY

| 审核 | 毕琼 | | 校对 | 邓世斌 | | 设计 | 申金昌 | | 页次 | 78 |

表11 单向叠合板板厚及受力筋选用表（q_k=3.0 kN/m²）

板跨(m)	总板厚h (mm)	120			130			140			150		160	170	180
	配筋	⊥8@200	⊥8@150	⊥10@200	⊥10@200	⊥10@150	⊥12@200	⊥10@150	⊥12@200	⊥12@150	⊥12@150	⊥14@150	⊥14@150	⊥14@150	⊥14@150
1.2	允许附加恒载标准值[g_k] (kN/m²)	30.7													
1.5	允许附加恒载标准值[g_k] (kN/m²)	17.8													
1.8	允许附加恒载标准值[g_k] (kN/m²)	10.8													
2.1	允许附加恒载标准值[g_k] (kN/m²)	5.9	9.2	11.3	13.8										
2.4	允许附加恒载标准值[g_k] (kN/m²)	2.9	5.1	6.6	8.3	12.2									
2.7	允许附加恒载标准值[g_k] (kN/m²)		2.6	3.7	4.9	7.7	8.6	9.5	10.5						
3.0	允许附加恒载标准值[g_k] (kN/m²)			1.7	2.6	4.7	5.4	6.0	6.8	9.7	12.1				
3.3	允许附加恒载标准值[g_k] (kN/m²)				1.0	2.7	3.2	3.6	4.2	6.5	8.3	10.4			
3.6	允许附加恒载标准值[g_k] (kN/m²)					1.2	1.6	1.9	2.4	4.2	5.6	7.2	9.1	11.1	
3.9	允许附加恒载标准值[g_k] (kN/m²)								1.0	2.5	3.6	4.8	6.3	7.9	9.6
4.2	允许附加恒载标准值[g_k] (kN/m²)									1.2	2.0	3.0	4.2	5.5	6.9

注：1. 本表只适用于不需考虑二阶段受力的叠合板；
    2. 组合值系数取0.7，准永久值系数取0.5。

钢筋布置选用表汇总

表12 单向叠合板板厚及受力筋选用表（q_k=3.5 kN/m²）

板跨(m)	总板厚h (mm)	120		130		140		150		160	170	180
	配筋	⊈8@200	⊈8@150	⊈10@200	⊈10@200	⊈10@150	⊈12@200	⊈10@150	⊈12@200	⊈12@150	⊈12@150	⊈14@150	⊈14@150	⊈14@150
1.2	允许附加恒载标准值[g_k] (kN/m²)	30.3											
1.5	允许附加恒载标准值[g_k] (kN/m²)	17.4											
1.8	允许附加恒载标准值[g_k] (kN/m²)	10.4											
2.1	允许附加恒载标准值[g_k] (kN/m²)	5.7	8.9	11.0	13.6								
2.4	允许附加恒载标准值[g_k] (kN/m²)	2.6	4.9	6.3	8.0	11.9							
2.7	允许附加恒载标准值[g_k] (kN/m²)		2.3	3.4	4.6	7.4	8.3	9.2	10.2				
3.0	允许附加恒载标准值[g_k] (kN/m²)			1.4	2.3	4.4	5.1	5.7	6.5	9.4	11.8		
3.3	允许附加恒载标准值[g_k] (kN/m²)					2.4	2.9	3.3	3.9	6.2	8.0	10.1	
3.6	允许附加恒载标准值[g_k] (kN/m²)					1.3	1.6	2.1		3.9	5.3	6.9	8.8	10.8
3.9	允许附加恒载标准值[g_k] (kN/m²)									2.2	3.3	4.5	6.0	7.6	9.3
4.2	允许附加恒载标准值[g_k] (kN/m²)											1.7	2.7	3.9	5.2	6.6

注：1. 本表只适用于不需考虑二阶段受力的叠合板；
    2. 组合值系数取0.7，准永久值系数取0.5。

钢筋布置选用表汇总

表13 单向叠合板板厚及受力筋选用表（q_k=4.0 kN/m²）

板跨(m)	总板厚h (mm)	120		130			140			150		160	170	180
	配筋	⊕8@200	⊕8@150	⊕10@200	⊕10@200	⊕10@150	⊕12@200	⊕10@150	⊕12@200	⊕12@150	⊕12@150	⊕14@150	⊕14@150	⊕14@150	⊕14@150
1.2	允许附加恒载标准值[g_k] (kN/m²)	30.0													
1.5	允许附加恒载标准值[g_k] (kN/m²)	17.1													
1.8	允许附加恒载标准值[g_k] (kN/m²)	10.0													
2.1	允许附加恒载标准值[g_k] (kN/m²)	5.4	8.7	10.8	13.3										
2.4	允许附加恒载标准值[g_k] (kN/m²)	2.4	4.6	6.1	7.8	11.7									
2.7	允许附加恒载标准值[g_k] (kN/m²)		2.1	3.2	4.4	7.2	8.1	9.0	10.0						
3.0	允许附加恒载标准值[g_k] (kN/m²)			1.2	2.1	4.2	4.9	5.5	6.3	9.2	11.6				
3.3	允许附加恒载标准值[g_k] (kN/m²)					2.2	2.7	3.1	3.7	6.0	7.8	9.9			
3.6	允许附加恒载标准值[g_k] (kN/m²)						1.1	1.4	1.9	3.7	5.1	6.7	8.6	10.6	
3.9	允许附加恒载标准值[g_k] (kN/m²)								2.0	3.1	4.3	5.8	7.4	9.1	
4.2	允许附加恒载标准值[g_k] (kN/m²)									1.5	2.5	3.7	5.0	6.4	

注：1. 本表只适用于不需考虑二阶段受力的叠合板；
2. 组合值系数取0.7，准永久值系数取0.5。

钢筋布置选用表汇总　　图集号 川16G118-TY

表14 单向叠合板板厚及受力筋选用表（q_k=4.0 kN/m²）

板跨(m)	总板厚h (mm)	120			130			140			150		160	170	180
	配筋	⊕8@200	⊕8@150	⊕10@200	⊕10@200	⊕10@150	⊕12@200	⊕10@150	⊕12@200	⊕12@150	⊕12@150	⊕14@150	⊕14@150	⊕14@150	⊕14@150
1.2	允许附加恒载标准值[g_k] (kN/m²)	30.0													
1.5	允许附加恒载标准值[g_k] (kN/m²)	17.1													
1.8	允许附加恒载标准值[g_k] (kN/m²)	10.0													
2.1	允许附加恒载标准值[g_k] (kN/m²)	4.6	7.9	10.0	12.5										
2.4	允许附加恒载标准值[g_k] (kN/m²)	1.6	3.8	5.3	7.0	10.9									
2.7	允许附加恒载标准值[g_k] (kN/m²)		1.3	2.4	3.6	6.4	7.3	8.2	9.2						
3.0	允许附加恒载标准值[g_k] (kN/m²)				1.3	3.4	4.1	4.7	5.5	8.4	10.8				
3.3	允许附加恒载标准值[g_k] (kN/m²)					1.4	1.9	2.3	2.9	5.2	7.0	9.1			
3.6	允许附加恒载标准值[g_k] (kN/m²)							1.1	2.9	4.3	5.9	7.8	9.8		
3.9	允许附加恒载标准值[g_k] (kN/m²)									1.2	2.3	3.5	5.0	6.6	8.3
4.2	允许附加恒载标准值[g_k] (kN/m²)										1.7	2.9	4.2	5.6	

注：1. 本表只适用于不需考虑二阶段受力的叠合板；
2. 组合值系数取0.7，准永久值系数取0.7。

钢筋布置选用表汇总

表15 单向叠合板板厚及受力筋选用表（q_k=5.0 kN/m²）

板跨 (m)	总板厚h (mm)	120		130		140		150		160	170	180
	配筋	⊕8@200	⊕8@150	⊕10@200	⊕10@200	⊕10@150	⊕12@200	⊕10@150	⊕12@200	⊕12@150	⊕12@150	⊕14@150	⊕14@150	⊕14@150	⊕14@150
1.2	允许附加恒载标准值[g_k] (kN/m²)	29.2										
1.5	允许附加恒载标准值[g_k] (kN/m²)	16.3										
1.8	允许附加恒载标准值[g_k] (kN/m²)	8.7	13.6									
2.1	允许附加恒载标准值[g_k] (kN/m²)	3.4	6.7	8.8	11.3							
2.4	允许附加恒载标准值[g_k] (kN/m²)		2.6	4.1	5.8	9.7	10.9					
2.7	允许附加恒载标准值[g_k] (kN/m²)			1.2	2.4	5.2	6.1	7.0	8.0	11.9		
3.0	允许附加恒载标准值[g_k] (kN/m²)					2.2	2.9	3.5	4.3	7.2	9.6	
3.3	允许附加恒载标准值[g_k] (kN/m²)							1.1	1.7	4.0	5.8	7.9	10.3
3.6	允许附加恒载标准值[g_k] (kN/m²)									1.7	3.1	4.7	6.6	8.6
3.9	允许附加恒载标准值[g_k] (kN/m²)										1.1	2.3	3.8	5.4	7.1
4.2	允许附加恒载标准值[g_k] (kN/m²)												1.7	3.0	4.4

注：1. 本表只适用于不需考虑二阶段受力的叠合板；
2. 组合值系数取0.7，准永久值系数取0.8。

钢筋布置选用表汇总

图集号 川16G118-TY

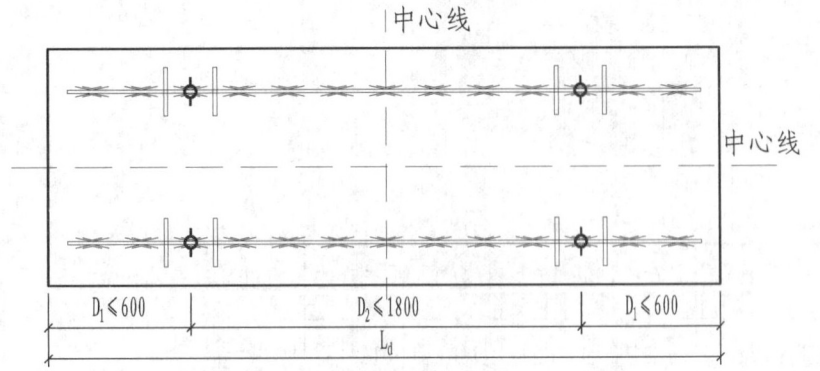

双桁架预制板吊点布置示意图
($L_d \leqslant 3000mm$)

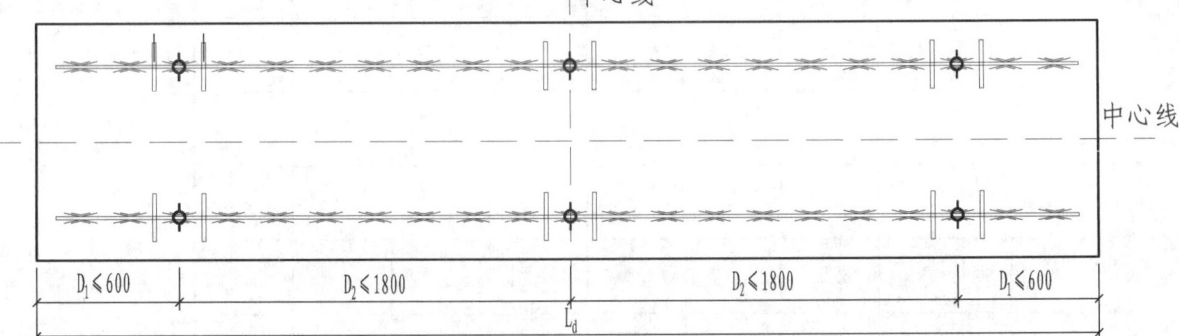

双桁架预制板吊点布置示意图
($3000mm < L_d \leqslant 4800mm$)

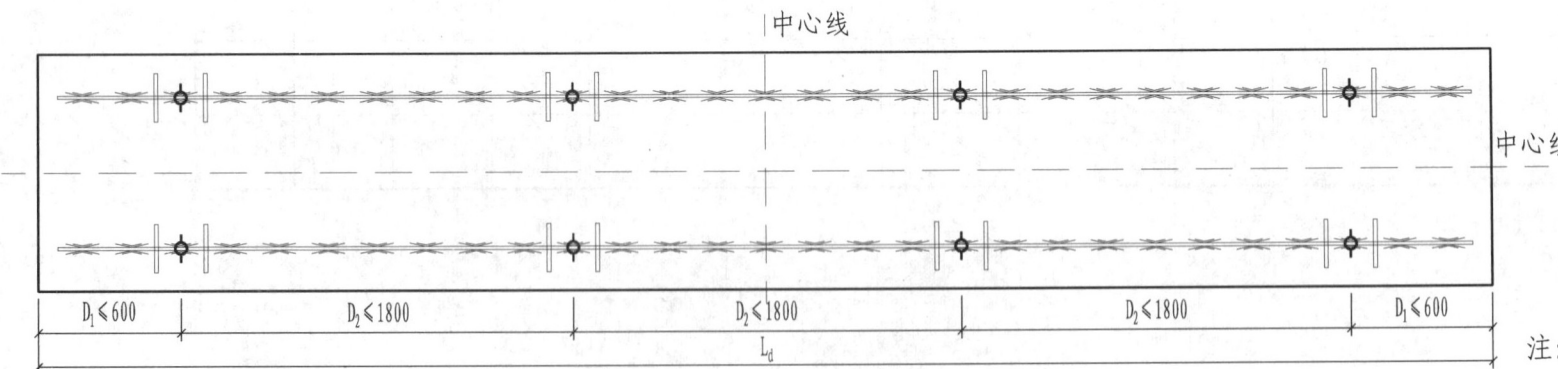

双桁架预制板吊点布置示意图
($4800mm < L_d \leqslant 6600mm$)

注：1. 图中桁架钢筋仅为示意；
2. 吊点布置应满足均匀对称的原则，且起吊过程中应保证各个吊点均匀受力；
3. 沿桁架方向两端最外侧起吊点不应设置在第一个桁架节点上。

吊点位置示意图

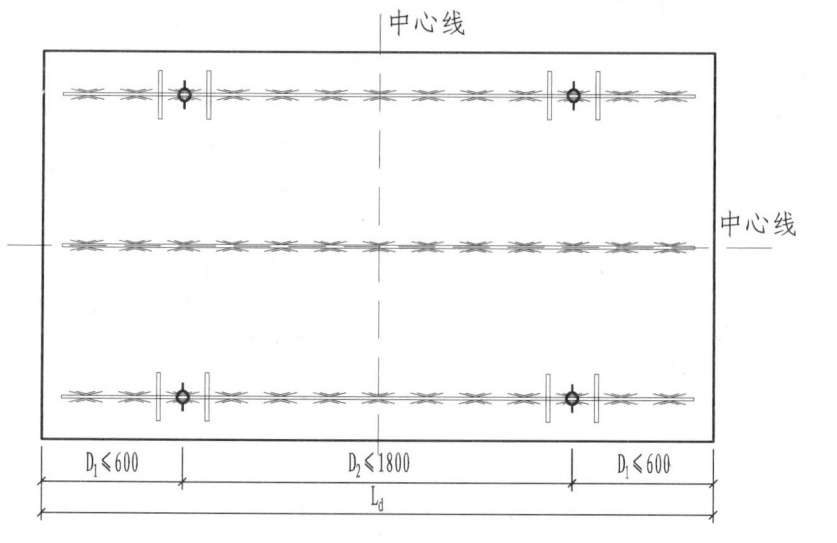

三桁架预制板吊点布置示意图
($L_d \leqslant 3000mm$)

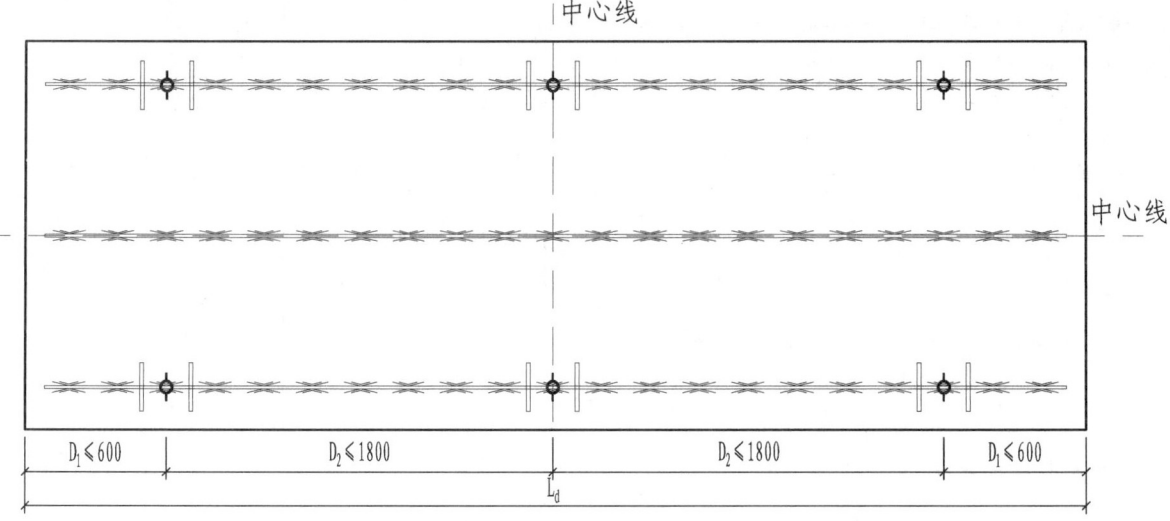

三桁架预制板吊点布置示意图
($3000mm < L_d \leqslant 4800mm$)

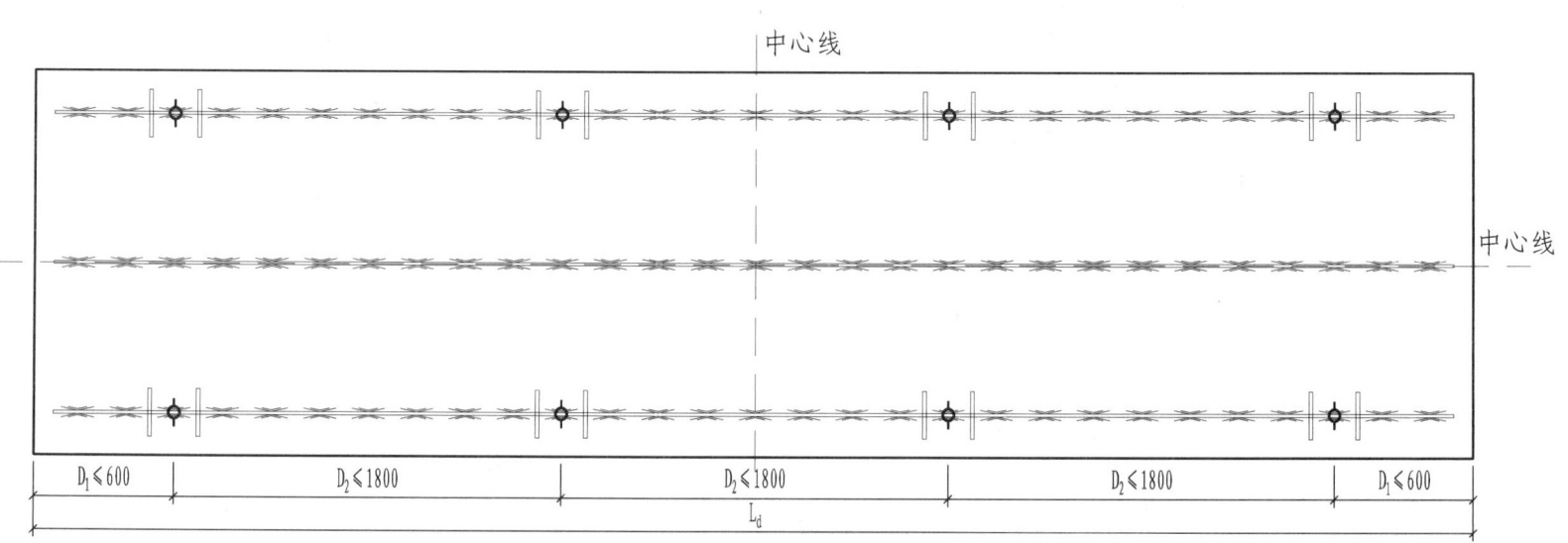

三桁架预制板吊点布置示意图
($4800mm < L_d \leqslant 6600mm$)

注：
1. 图中桁架钢筋仅为示意；
2. 吊点布置应满足均匀对称的原则，且起吊过程中应保证各个吊点均匀受力；
3. 沿桁架方向两端最外侧起吊点不应设置在第一个桁架节点上。

吊点位置示意图

图集号 川16G118-TY

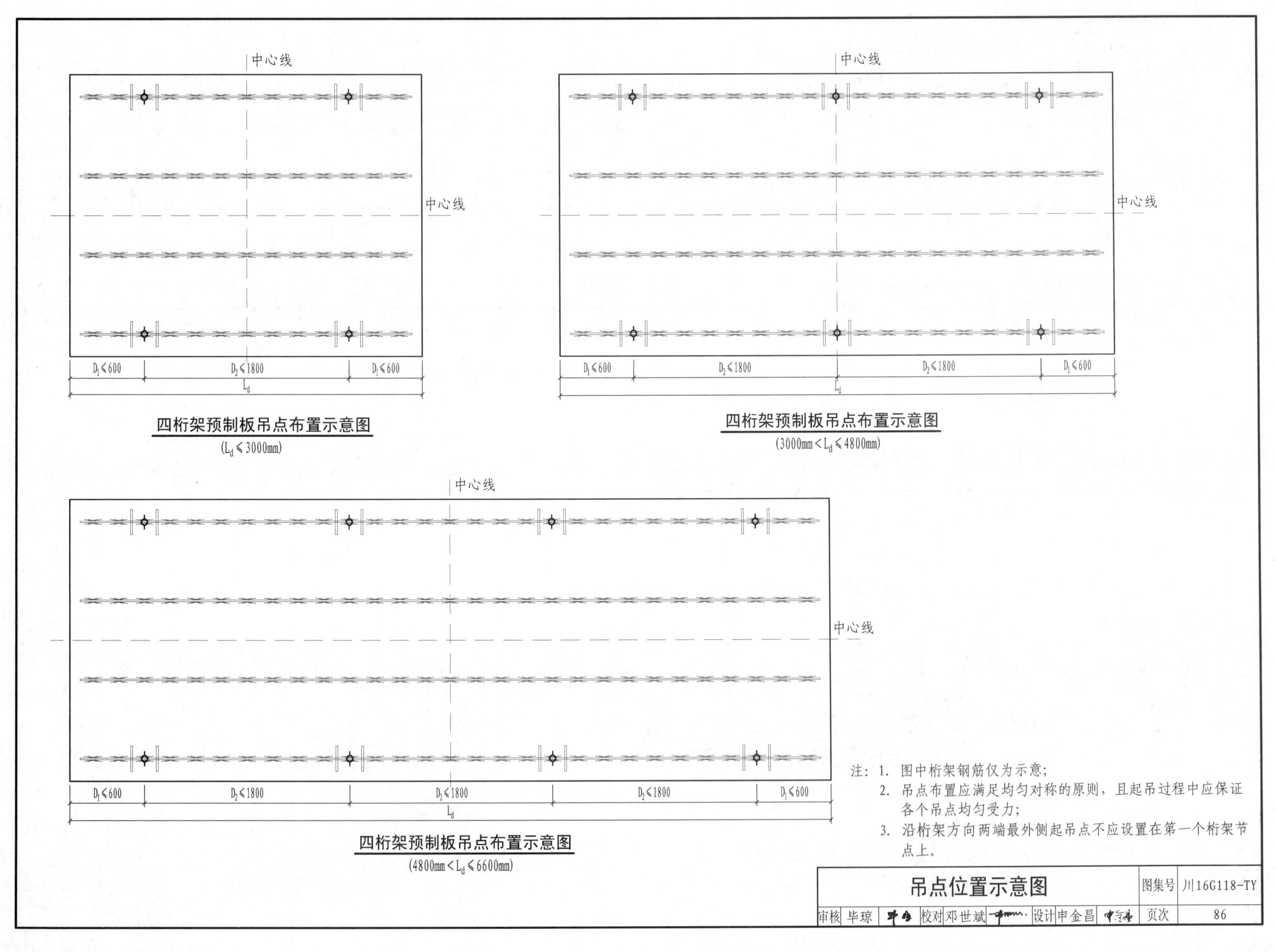

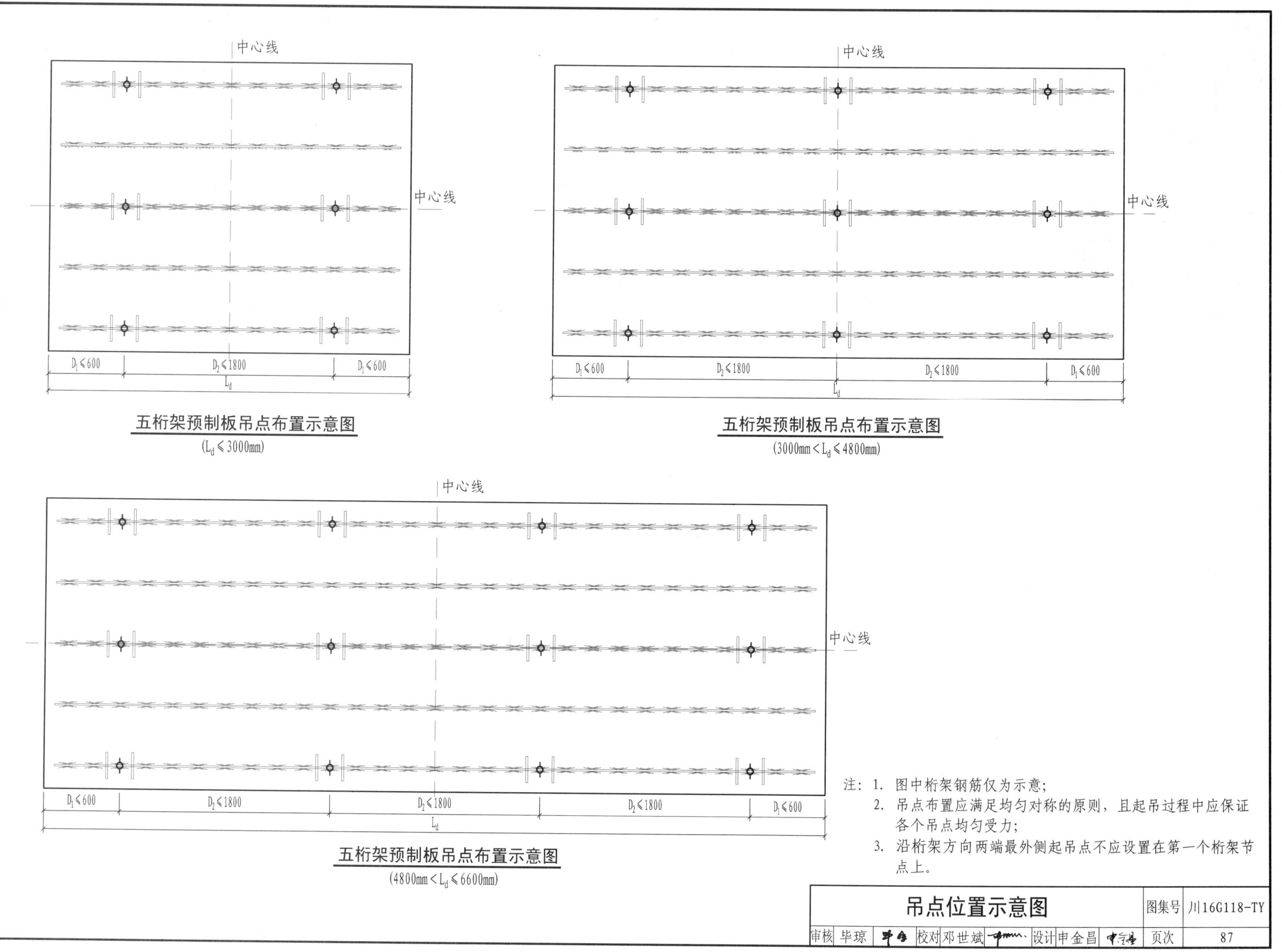

五桁架预制板吊点布置示意图
($L_d \leqslant 3000mm$)

五桁架预制板吊点布置示意图
($3000mm < L_d \leqslant 4800mm$)

五桁架预制板吊点布置示意图
($4800mm < L_d \leqslant 6600mm$)

注：1. 图中桁架钢筋仅为示意；
2. 吊点布置应满足均匀对称的原则，且起吊过程中应保证各个吊点均匀受力；
3. 沿桁架方向两端最外侧起吊点不应设置在第一个桁架节点上。

吊点位置示意图

图集号 川16G118-TY

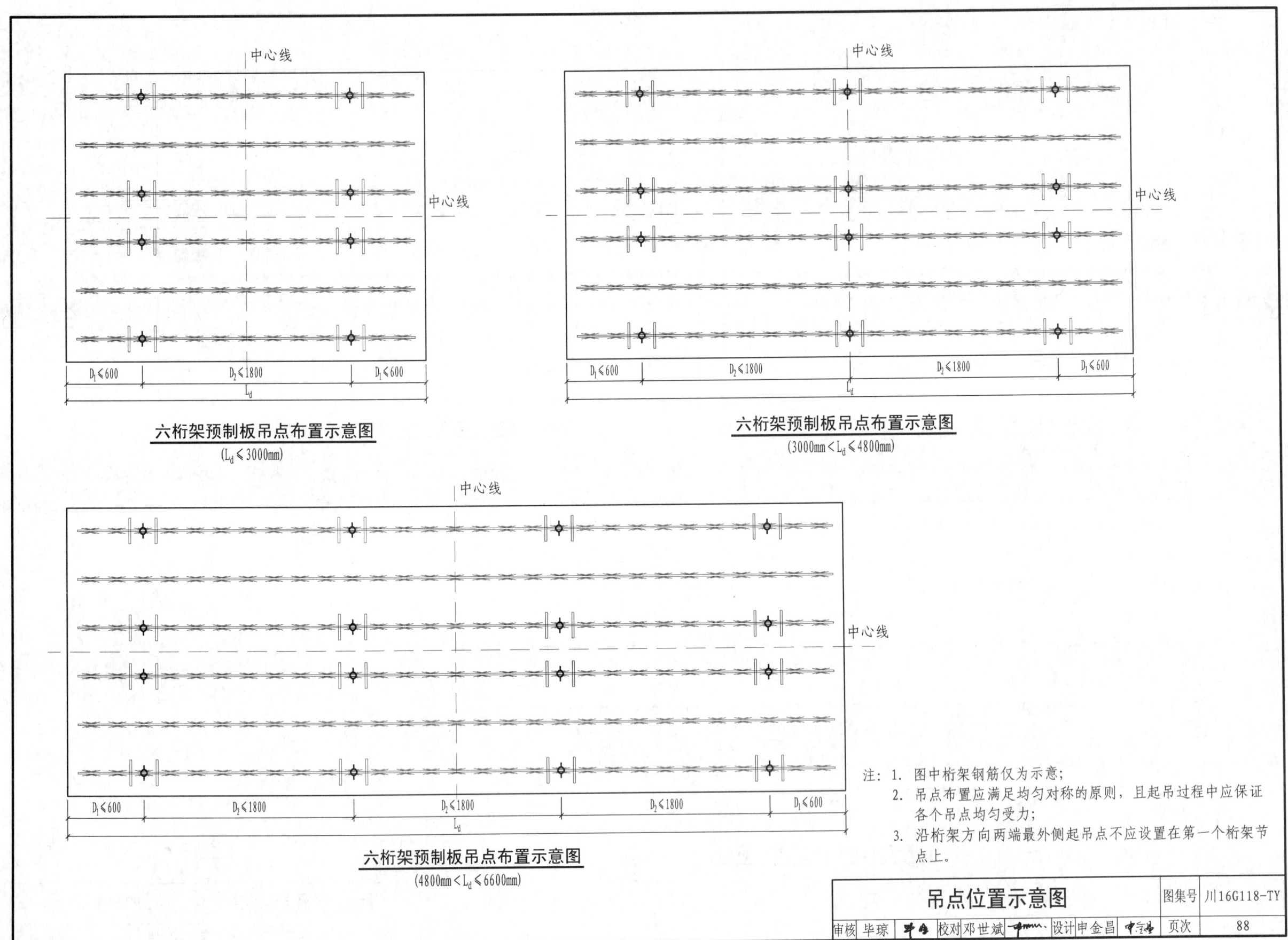

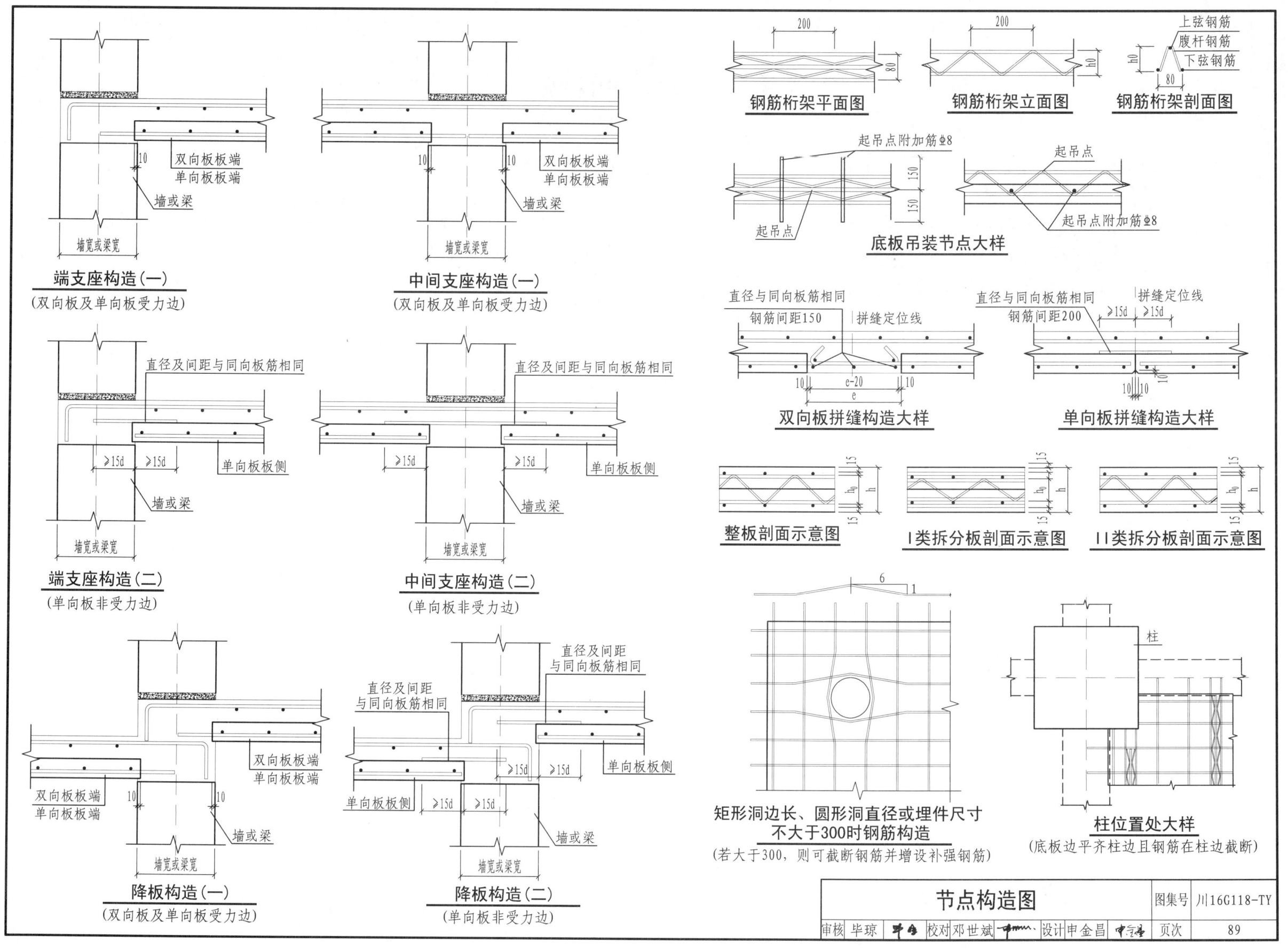

附录A 选用示例

A.1 双向整板

A.1.1 概况

已知某结构平面局部示意如图A.1.1所示。按双向整板设计,取板厚为120 mm,经计算得到该板块板底配筋结果如图A.1.2所示。

材料:混凝土采用C30,受力钢筋采用HRB400级。

A.1.2 设计

平面尺寸 L×B=3620×1720,预制底板厚度h_1取60 mm,后浇混凝土叠合层厚度60 mm。

根据配筋计算结果,取主受力配筋⌀8@150,次受力配筋取⌀8@150。

根据B值及配筋选定样板类型为YBS0(-)-1518-XX-X2,计算各底板参数,如表A.1.1所示。

A.1.3 绘图

根据选定的样板图及底板参数表,绘制构件模板及配筋图并布置吊点,详P91页。

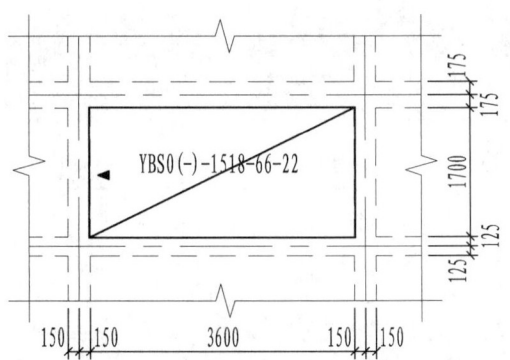

图A.1.1 某结构平面局部示意

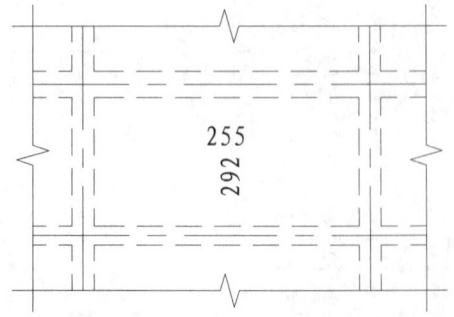

图A.1.2 楼板计算结果

A.2 双向拼板

A.2.1 概况

已知某结构平面局部示意如图A.2.1所示。按双向板设计,取板厚为140 mm,经计算得到该板块板底配筋结果如图A.2.2所示。

材料:混凝土采用C30,受力钢筋采用HRB400级。

A.1.2 设计

平面尺寸 L×B=5190×3620,按I类双向三板拼接进行拆分,拼缝宽度e取300 mm,则 L_b=L_z=1530。根据L_b、L_z值选定拼接边板和拼接中板样板类型为YBS1(I)-1518-XX-XX和YBS1(I)-1518-XX-XX

预制底板厚度h_1取70 mm,后浇混凝土叠合层厚度70 mm。

根据配筋计算结果,取主受力配筋⌀10@150,次受力配筋取⌀8@200。

计算各底板参数,如表A.2.1和A.2.2所示。

A.1.3 绘图

根据选定的样板图及底板参数表,绘制构件模板及配筋图并布置吊点,详P92~94页。

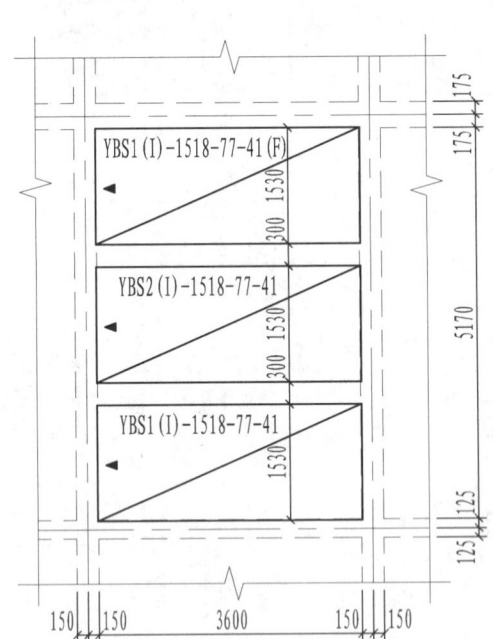

图A.2.1 某结构平面局部示意

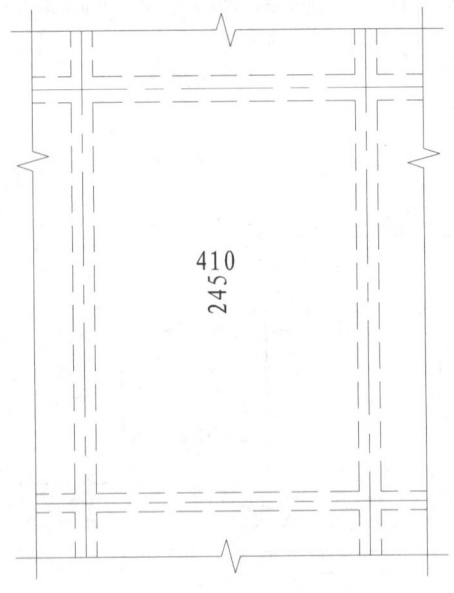

图A.2.2 楼板计算结果

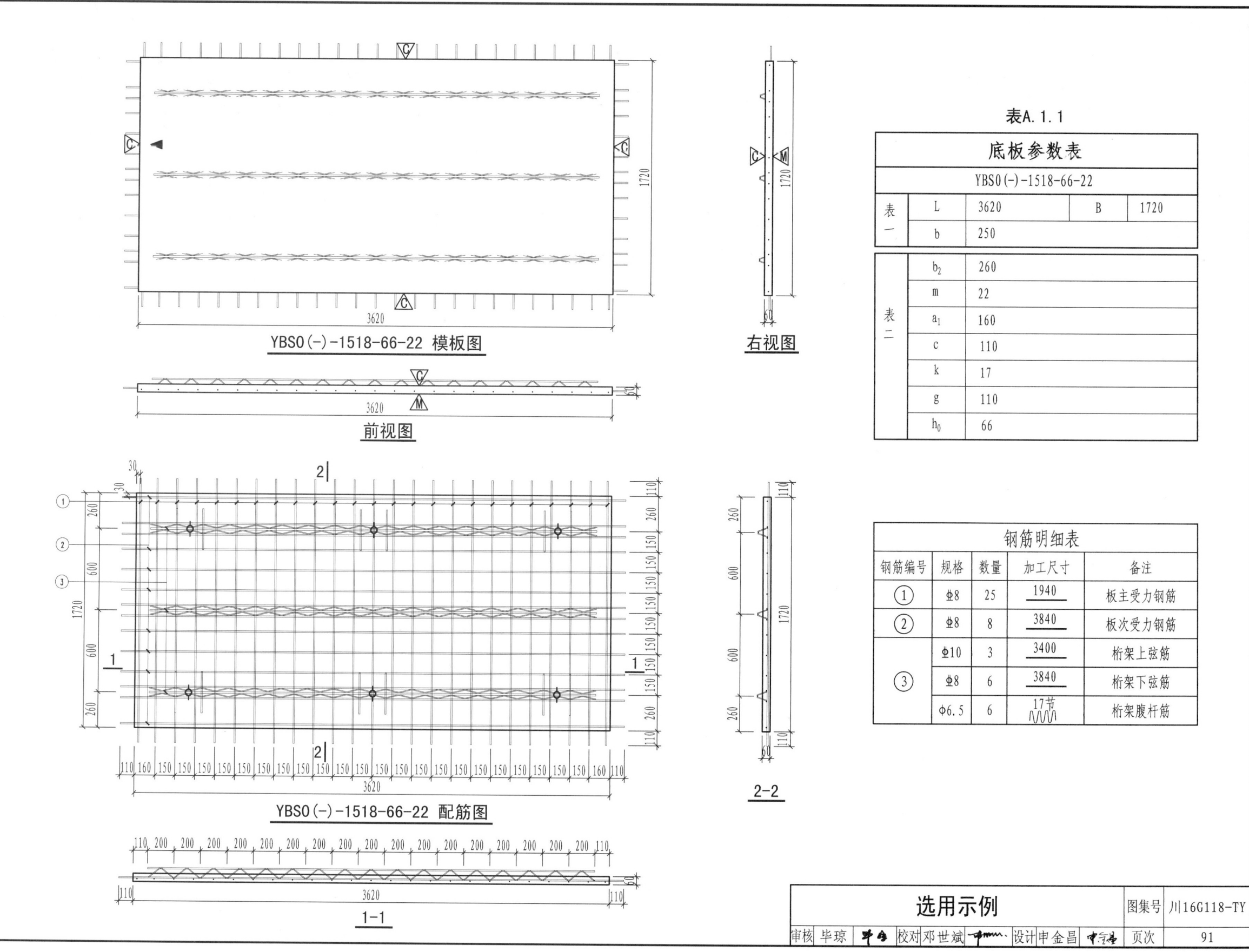

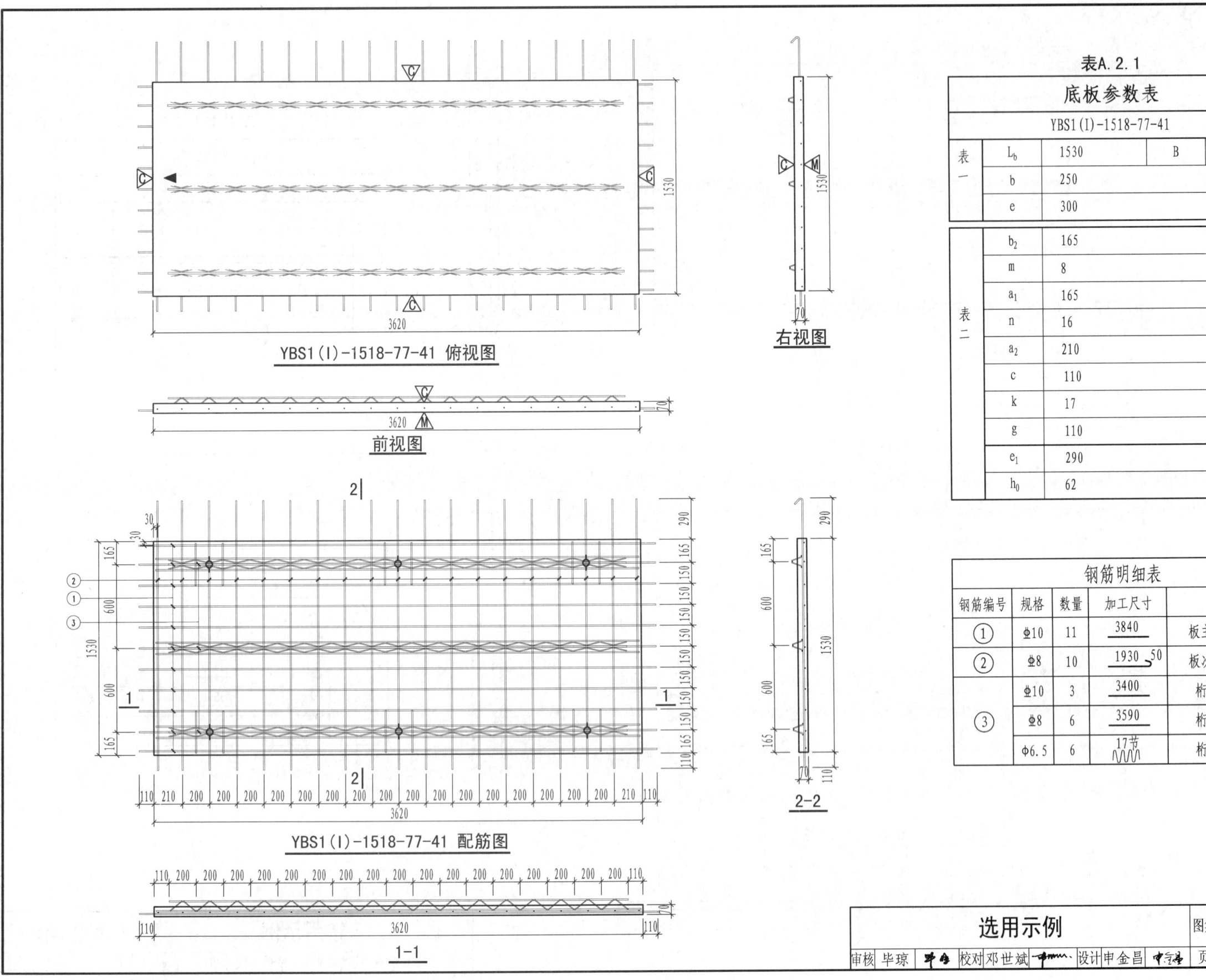

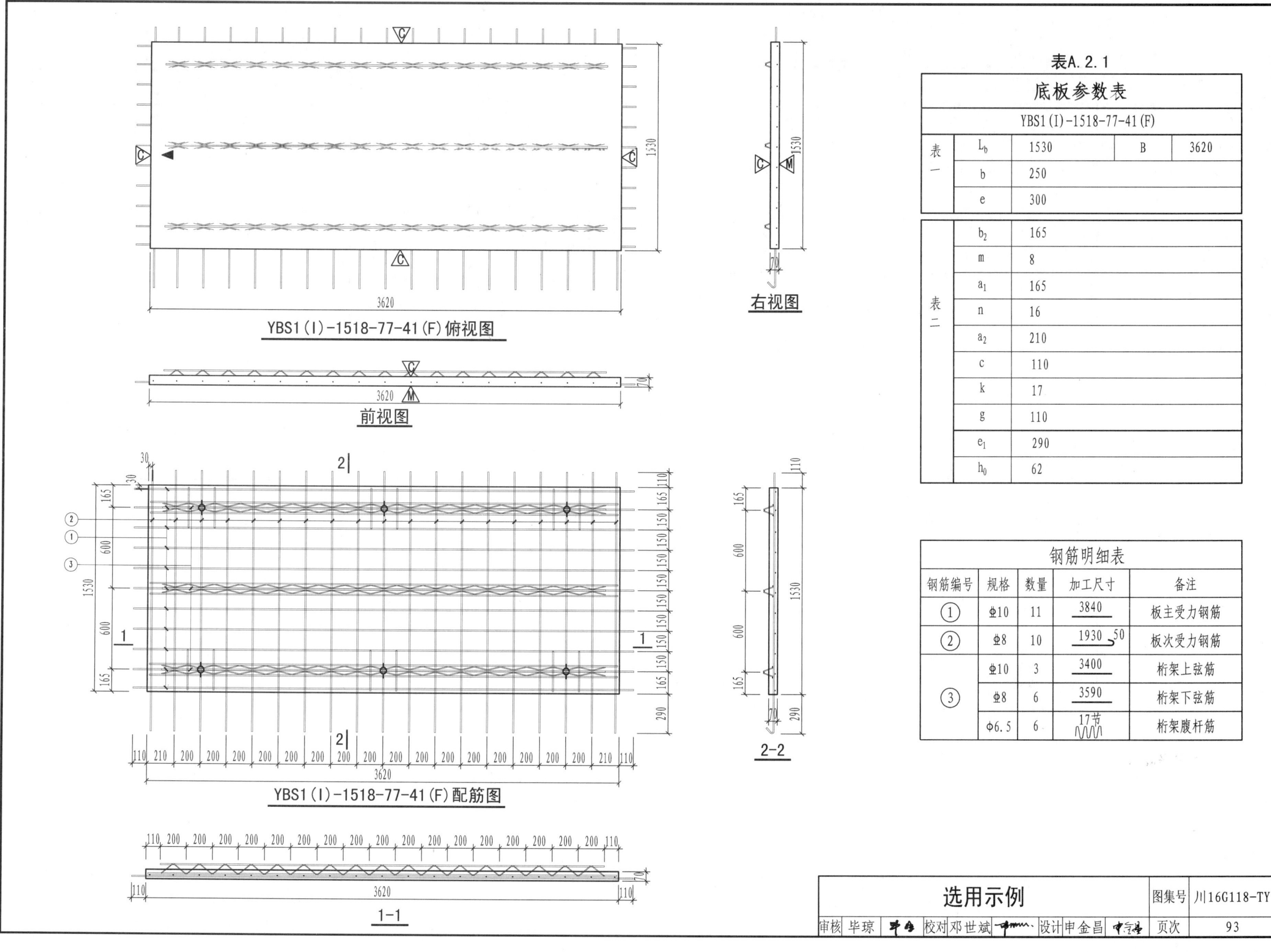

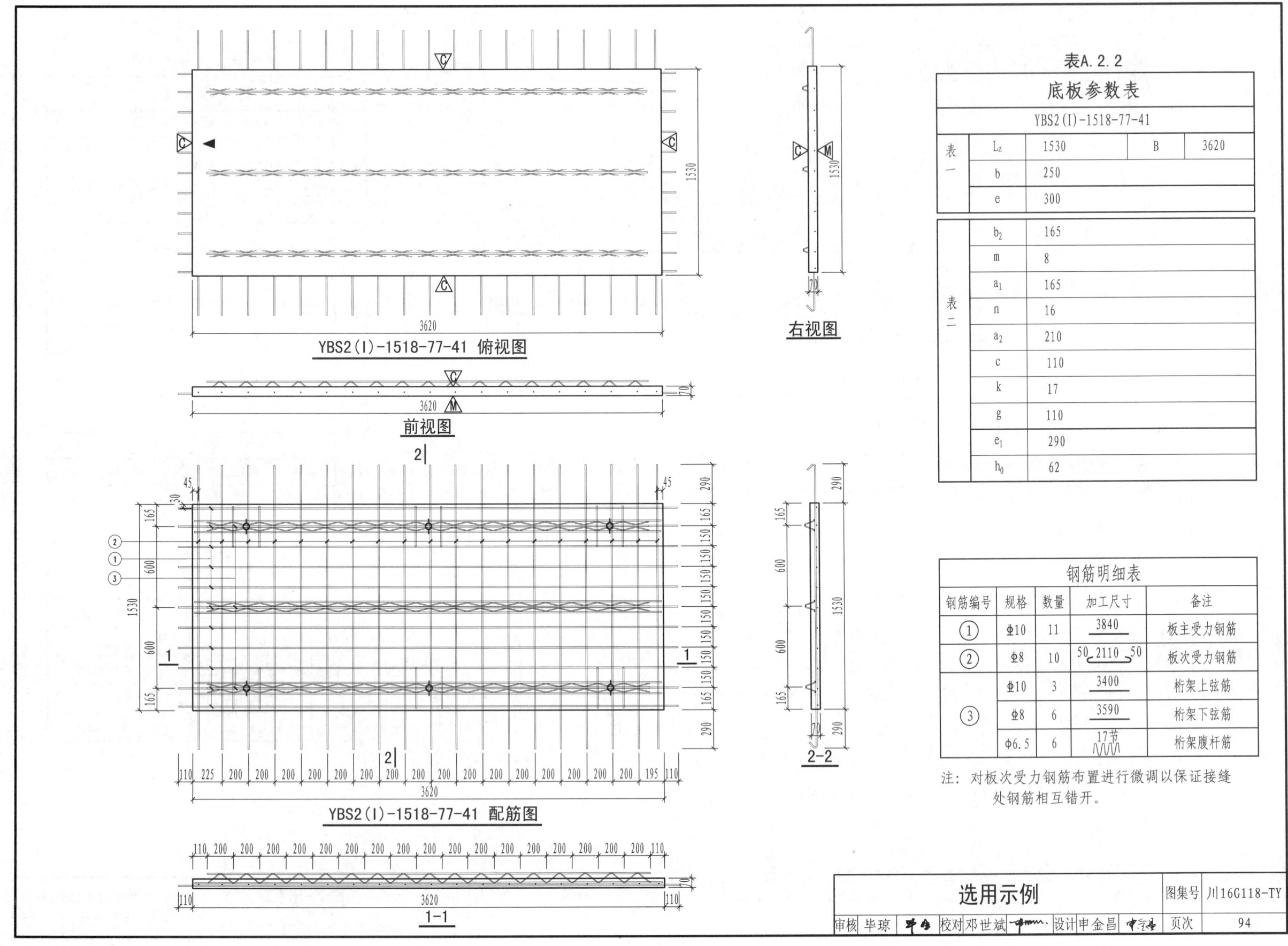

A.3 单向整板

A.3.1 概况
已知某结构平面局部示意如图A.3.1所示,按单向整板设计,楼面附加恒载g_k为1.5 kN/m²,活载q_k为2.0 kN/m²。

材料:混凝土C30,受力钢筋采用HRB400级。

A.3.2 设计
平面尺寸 L×B=4820×1370,根据B值选定样板类型为YBD0(-)-1215-XX-XX。

由于楼面活载q_k为2.0 kN/m²,附加恒载g_k为1.5 kN/m²,单向板板跨1.65 m,查表9选用板厚h为120 mm,受力钢筋Φ8@200。

预制底板厚度h_1取60 mm,则后浇混凝土叠合层厚度60 mm。分布筋取Φ6@200。

计算各底板参数,如表A.3.1所示。

A.3.3 绘图
根据选定的样板图及底板参数表,绘制构件模板及配筋图并布置吊点,详P96页。

A.4 单向拼板

A.4.1 概况
已知某结构平面局部示意如图A.4.1所示,按单向拼接板设计。楼面附加恒载g_k为3.75 kN/m²,活载q_k为2.5 kN/m²。

材料:混凝土C30,受力钢筋采用HRB400级。

A.4.2 设计
平面尺寸 L×B=6320×2520,按Ⅱ类单向双板拼接进行拆分,则 L_a=3160。根据B值选定拼板样板类型为YBD1(Ⅱ)-2427-XX-XX。

由于楼面活载q_k为2.5 kN/m²,附加恒载g_k为3.75 kN/m²,单向板板跨2.8 m,查表10选用板厚h为130 mm,受力钢筋Φ10@150。

预制底板厚度h_1取60 mm,则后浇混凝土叠合层厚度70 mm。分布筋取Φ8@200。

计算各底板参数,如表A.4.1所示。

A.4.3 绘图
根据选定的样板图及底板参数表,绘制构件模板及配筋图并布置吊点,详P97页。

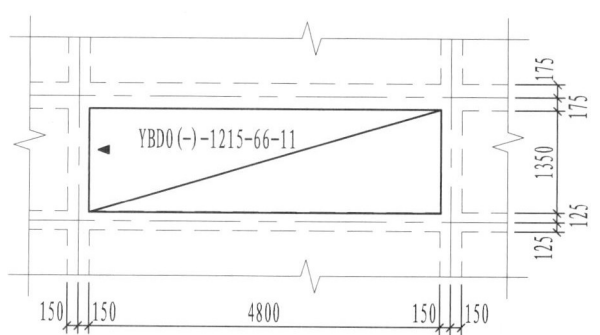

图A.3.1 某结构平面局部示意

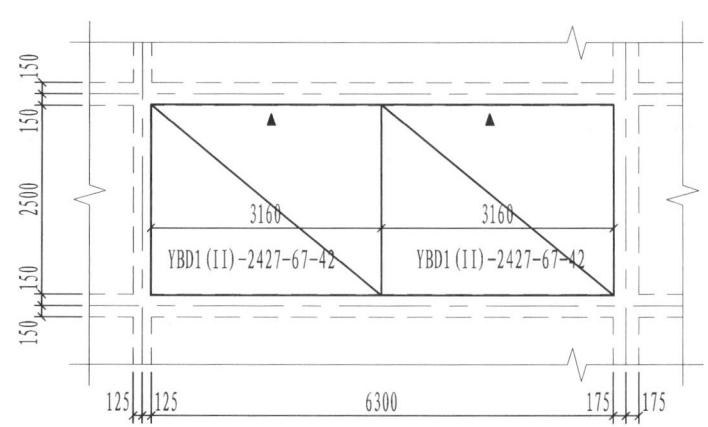

图A.4.1 某结构平面局部示意

选用示例 | 图集号 川16G118-TY | 页次 95

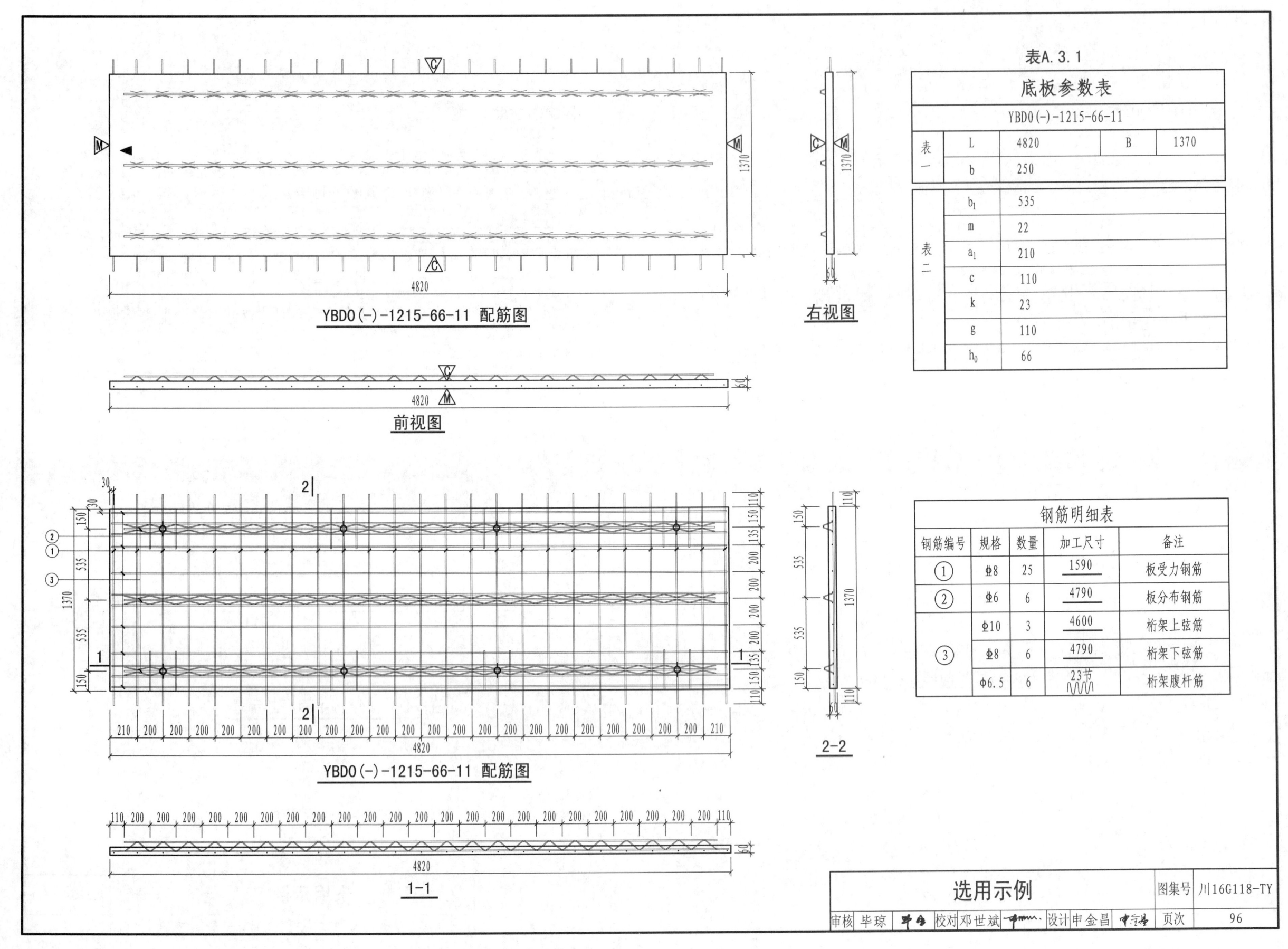

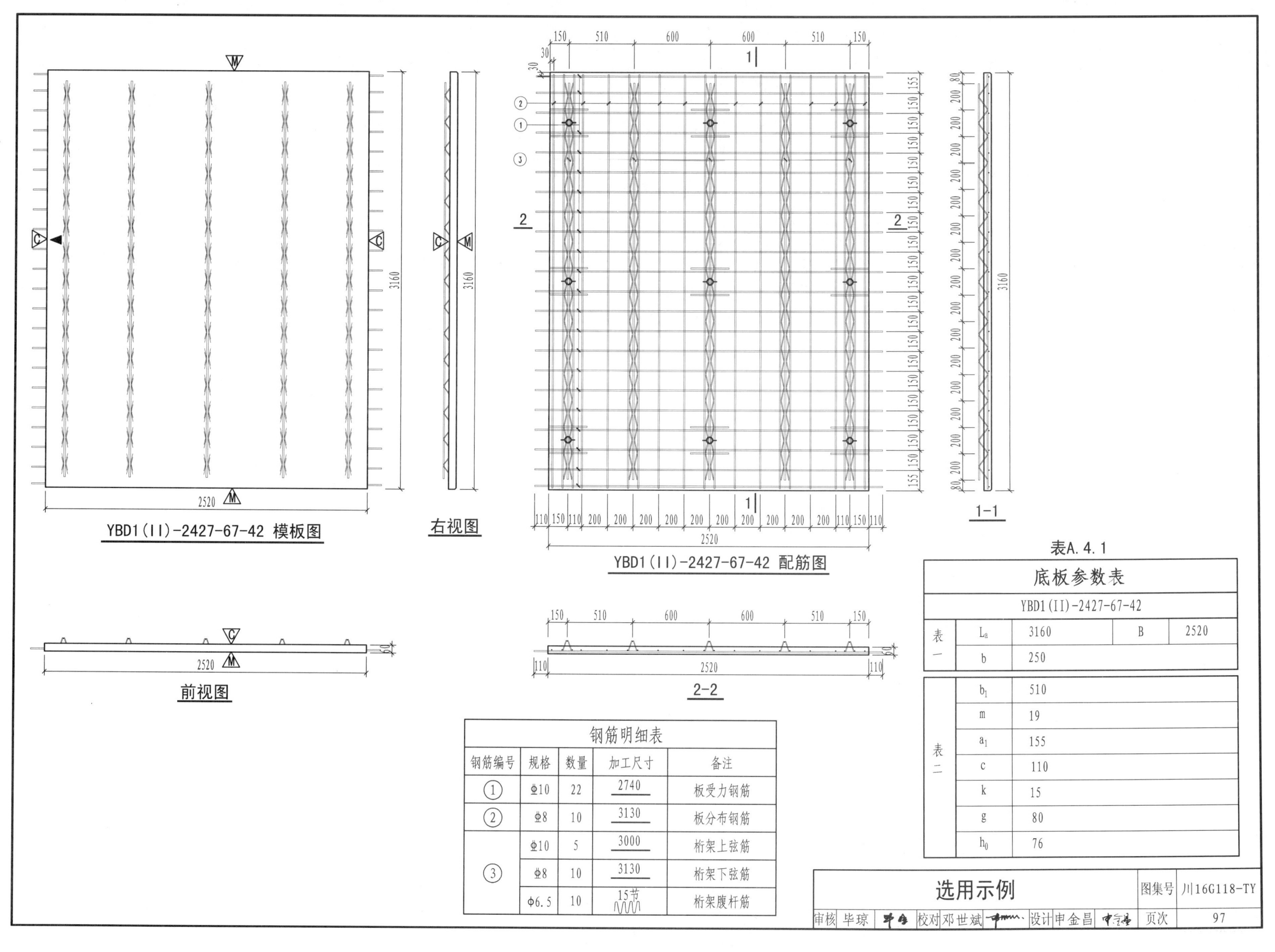